百种野菜食用推介

蒋良明 编

江西·南昌
江西科学技术出版社

图书在版编目（CIP）数据

百种野菜食用推介 / 蒋良明编. -- 南昌：江西科学技术出版社, 2018.12
ISBN 978-7-5390-6676-9

Ⅰ.①百… Ⅱ.①蒋… Ⅲ.①野生植物 – 蔬菜 – 菜谱 Ⅳ.①TS972.123

中国版本图书馆CIP数据核字（2018)第293418号

国际互联网（Internet)地址：
http://www.jxkjcbs.com
选题序号：ZK2018450
图书代码：B18285-101

百种野菜食用推介	蒋良明 编

出版发行	江西科学技术出版社
社址	南昌市蓼洲街2号附1号
	邮编：330009　电话：（0791）86623491　86639342（传真）
印刷	江西千叶彩印有限公司
经销	各地新华书店
开本	787 mm × 1092 mm　1/16
字数	95千字
印张	9
版次	2019年4月第1版　2019年4月第1次印刷
书号	ISBN 978-7-5390-6676-9
定价	68.00元

赣版权登字-03-2018-475
版权所有，侵权必究

（赣科版图书凡属印装错误，可向承印厂调换）

前言
Preface

野菜：享受大自然的馈赠

随着生活水平的提高，吃惯了大鱼大肉的人们，开始回归大自然，越来越多的人青睐野菜，将野菜端上了餐桌。

野菜对于大多数人来说既熟悉又陌生，熟悉是我们小时候在田间地头都见过，陌生是对它们的属性了解不够。其实野菜可以做成很多美味佳肴，并且它还具有一定保健功效。为了拉近大家与野菜的距离，吃上保健又营养的野菜，我们筛选了100种常见的野菜推荐给大家，如鱼腥草、马齿苋、蒲公英、紫苏叶、麦蓝菜、紫花地丁、青明菜、芦根等，这些耳熟能详的野菜，不知您是否还记得它们的样子？本书没有晦涩难懂的理论，也没有复杂深奥的论述，简单实用是它唯一特点，本书以简洁的文字，清晰的插图方式，告诉你每种野菜的基本知识、食用方法、食疗用法。

野菜虽然被称为纯天然的"无公害蔬菜"，但也不能随意吃，野菜不同于普通蔬菜，它具有一定的药性，并且很多野菜的食用部位也不同，如萝藦果，鲜嫩的萝藦果可以直接生吃或做菜，香甜可口，但它的嫩茎叶和根部具有一定的毒性。而有的野菜嫩茎叶可以食用，但它的根茎部位有毒不可食用，另外食用野菜还需注意一定的禁忌，如何首乌忌与猪肉、无鳞鱼、血豆腐、葱蒜同食，还忌用铁器烹饪。大家在食用时需认真识别，安全食用，以防中毒。

建议大家用手机下载一个植物识别的APP，它有强大识别功能并能给出一定的植物信息，打开软件后对着植物拍照，能够显示出该植物的一般信息，可以供大家识别和食用参考。当然，最为准确的鉴定方法是采集样品或拍摄高清图片，请专业性植物研究机构鉴定。

由于编者水平有限，书中不妥之处再所难免，敬请广大读者批评指正。

目录 Contents

- 薄荷　　　　　　　　1
- 薜荔　　　　　　　　3
- 白兰花　　　　　　　4
- 白茅　　　　　　　　5
- 蔊蓄　　　　　　　　6
- 车前草　　　　　　　7
- 刺五加　　　　　　　8
- 刺苋　　　　　　　　9
- 多花黄精　　　　　　11
- 大蓟　　　　　　　　12
- 地瓜儿苗　　　　　　13
- 鹅肠草　　　　　　　14
- 腐婢　　　　　　　　16
- 翻白草　　　　　　　17
- 费菜　　　　　　　　18
- 附地菜　　　　　　　19
- 芙蓉花　　　　　　　20
- 杠板归　　　　　　　21
- 枸杞苗　　　　　　　23
- 构树花　　　　　　　24
- 葛藤　　　　　　　　26
- 拐枣　　　　　　　　27
- 黄鹌菜　　　　　　　28
- 蕻菜　　　　　　　　29

- 合欢花　　　　　　　31
- 槐树花　　　　　　　32
- 何首乌　　　　　　　33
- 藿香　　　　　　　　34
- 荠菜　　　　　　　　35
- 蕨菜　　　　　　　　36
- 桔梗　　　　　　　　37
- 鸡冠花　　　　　　　38
- 绞股蓝　　　　　　　41
- 菊芋　　　　　　　　42
- 金樱子　　　　　　　43
- 苦苣菜　　　　　　　44
- 苦荬菜　　　　　　　45
- 芦蒿　　　　　　　　46
- 辣椒叶　　　　　　　47
- 罗勒　　　　　　　　49
- 萝藦　　　　　　　　50
- 柳树芽　　　　　　　52
- 芦苇　　　　　　　　54
- 龙须菜　　　　　　　56
- 龙牙草　　　　　　　57
- 荔枝草　　　　　　　59
- 马齿苋　　　　　　　60
- 牡丹花　　　　　　　62

百种野菜食用推介

- 玫瑰花 63
- 玫瑰茄 64
- 墨旱莲草 66
- 木槿花 67
- 马兰 69
- 麦蓝菜 70
- 牛蒡 72
- 南瓜花 74
- 南苜蓿 75
- 牛膝 77
- 蒲公英 78
- 泡桐花 81
- 普通念珠藻 82
- 芡实 83
- 青蒲 84
- 酸浆 87
- 石榴花 88
- 酸模叶蓼 89
- 鼠曲草 91
- 桑葚 93
- 土大黄 94
- 土茯苓 97
- 土人参 98
- 桃树胶 101
- 藤三七 102
- 菟丝子 103
- 铁苋菜 104
- 蕹菜 105
- 乌饭子 106
- 薤白 107
- 苕菜 108
- 香椿 109
- 小蓟 110
- 仙人掌 111
- 野百合 112
- 茵陈蒿 114
- 鸭儿芹 115
- 野胡萝卜 116
- 月季 117
- 野菊花 118
- 玉兰花 121
- 益母草 122
- 榆钱 124
- 鱼腥草 126
- 淫羊藿 128
- 紫花地丁 129
- 棕榈花 132
- 紫萁 133
- 紫苏 134
- 紫藤花 136
- 紫云英 137
- 栀子花 138

薄荷

【薄荷档案】

学名：*Mentha haplocalyx*

别名：野薄荷、土薄荷、苏薄荷、鸡苏、蔆荷、见肿消、夜息香蕃荷菜

所属类别：唇形科植物

分布区域：华北、华东、华南、华中及西南各地，尤以江苏产者为佳

采摘季节：夏、秋季节

采食部位：嫩茎叶

【食用方法】

新鲜的薄荷叶可以生吃，味道清凉，茎和叶可以榨成汁饮用，也可以泡酒或者泡茶喝。

将新鲜的薄荷叶洗净，加入沸水冲泡，可以适量加冰糖，放凉后，即可饮用，特别适合夏季饮用，可以预防中暑，也可以放入冰箱冰镇之后再喝，口感更好。

夏季用薄荷搭配粳米熬粥，也是不错的选择，将薄荷放入锅中，加适量的水，中火熬掉一半的水后，滤去渣滓，留汁备用，粳米煮成九成熟时，放入薄荷汁液煮沸即可，再放入适量冰糖，此粥有助消化，增加食欲的作用。

经常吃薄荷叶做的食物，对于肝、胆有良好的保护作用。

【食用功效】

薄荷性凉，味辛，具有宣散风热、清头目、透疹的作用。

治伤风咳嗽，鼻塞声重：野薄荷6克，陈皮6克，杏仁6克（去皮尖）。竹叶十五片，水煎服。（《滇南本草》）

治口疮：薄荷、黄柏，等分。为末，入青黛少许搽之。（《赤水玄珠》）

治皮肤隐疹不透，瘙痒：薄荷叶10克，荆芥10克，防风10克，蝉蜕6克。水煎服。（《四川中药志》）

【美食配料】

秋刀鱼500克，薄荷30克，猕猴桃适量。

【野菜美味】

秋刀鱼去鳃去肚，清洗干净，将鱼切半，加入料酒、盐、糖、胡椒粉、生抽、薄荷叶，搅拌均匀，放入冰箱2个小时入味。锅中放油，油热后，放入秋刀鱼，中火将鱼两面煎透，装盘，用猕猴桃稍作点缀即可。

薜 荔

【薜荔档案】

学名：*Ficus pumila*

别名：木莲藤、辟萼、木瓜藤、膨泡树、木壁莲、彭蜂藤、常春藤

所属类别：桑科植物

分布区域：秦岭以南各地

采摘季节：秋季

采食部位：果实

【食用方法】

薜荔果的吃法主要有四种：

1. 直接食用，不过薜荔果属于寒性食物，不能吃太多。

2. 榨汁饮用，与饮用椰子汁差不多，适合减肥的人食用。

3. 做果冻，因为薜荔果具有黏稠凝固的作用，只要把薜荔果果胶全部与果实分离，静待半个小时，果冻就自然形成了，放到冰箱里，就可以作为冷饮食用了。

4. 做成凉粉，适合夏季食用，可以直接办，也可搭配黄瓜食用。

【食用功效】

薜荔果性味酸，平，具有祛风利湿，清热解毒，补肾固精，活血通经、催乳消肿的功效。

治风湿痛，手脚关节不利：薜荔藤三至五钱，煎服。(《上海常用中草药》)

治病后虚弱：薜荔藤三两，煮猪肉食。(《湖南药物志》)

治小儿瘦弱：薜荔藤二两，蒸鸡食。(《湖南药物志》)

治腰痛、关节痛：薜荔藤二两。酒水各半同煎，红糖调服，每日一剂。(《江西草药》)

治尿血、小便不利、尿道刺痛：薜荔一两，甘草一钱，煎服。(《上海常用中草药》)

【美食配料】

鲜薜荔果2个，猪脚1只。

【野菜美味】

鲜薜荔果洗净；猪脚清理干净；锅中倒入适量清水，将两种食材放入锅中，煮沸腾后，转为中火，煲汤90分钟，加盐调味，饮汤食猪脚。

白兰花

【白兰花档案】

学名：*Michelia alba*

别名：白玉兰、白缅花、黄桷兰、缅桂花

所属类别：木兰科植物

分布区域：安徽、福建、广东、广西、云南、四川、江苏、浙江、江西等地

采摘季节：夏末秋初

采食部位：花朵

【食用方法】

白兰花的吃法比较丰富，可以煎食，可以做各种保健甜食馅或蒸糕的配料，还可以熬粥食用，熬粥时搭配糯米、红枣，喜欢吃甜食的话，可以加一些蜂蜜或者冰糖。

【食用功效】

白兰花性味苦、辛，微温，具有芳香化湿、清热利尿、止咳化痰的功效。

治附睾炎：取适量白兰花研为粉末，每次取10克，温开水送服，每日3次。

治咳嗽、白带、前列腺炎：取白兰花6~9克，煎汤服用。

【美食配料】

猪瘦肉200克，鲜白兰花30克。

【野菜美味】

猪瘦肉洗净，切小块；猪瘦肉与鲜白兰花加清水，煲汤。汤烧滚后，加盐少许调味，饮汤食肉。

白茅

【白茅档案】

学名：*Imperata cylindrica*
别名：茅、茅针、茅根
所属类别：禾本科植物
分布区域：全国大部分地区均产
采摘季节：春秋季节
采食部位：嫩芽、根茎

【食用方法】

虽然白茅嫩芽可以食用，剥去外皮，取嫩心直接食用即可，但相比之下，白茅的根茎则是食用最多的部位，白茅根是广东民间春夏间常用以入汤羹的药食兼备佳品。

煮粥时，将鲜白茅根洗净切碎，放入锅中，加适量水煎煮取汁去渣，再放入大米、冰糖煮至粥熟即可。

做茶饮时，将白茅根和藕片一起榨汁，去渣取汁，调入蜂蜜，就可以饮用了。

煲汤时，将鲜白茅根、猪瘦肉洗净，肉切片，白茅根切段，一同放入锅中，加入清水，先用大火烧开，再用小火炖至肉熟烂，加盐调味，即可。

【食用功效】

白茅入药的部位为根茎，称为白茅根、毛根，其性味甘，寒，具有凉血止血、肺热喘急、清热通淋、疏风、利尿、利湿退黄之功效。可用于治疗急性传染性肝炎、急性肾炎、小儿急性肾炎。

治劳伤溺血：白茅根、干姜等分。入蜜一匙，水二盏，煎一盏，日一服。（《纲目》）

治小便出血：茅根一把。切，以水一大盏，煎至五分，去渣，温水频服。（《圣惠方》）

治胃反，食即吐出，上气：芦根、茅根各二两。细切，以水四升，煮取二升，顿服之，得下，良。（《千金方》）

治肾炎：白茅根一两，一枝黄花一两，葫芦壳五钱，白酒药一钱。水煎，分两次服，每日一剂，忌盐。（《单方验方调查资料选编》）

【美食配料】

胡萝卜300克，甘蔗150克，瘦猪肉120克，白茅根120克。

【野菜美味】

胡萝卜洗净后，去皮、蒂，切厚件；甘蔗去皮、切段，劈开；茅根，瘦猪肉用水洗干净；将以上食材放入滚烫的水中，用中火煲3小时，出锅前放入少许盐调味，即可饮用。

萹 蓄

【萹蓄档案】

学名：*Polygonum aviculare*

别名：扁蓄、大萹蓄、鸟蓼、扁竹、竹节草、猪牙草、道生草

所属类别：蓼科植物

分布区域：全国大部分地区均产，以河南、四川、浙江、山东、吉林、河北等地产量较大

采摘季节：春季

食用部位：嫩茎叶

【食用方法】

萹蓄菜常见的吃法为炒食或凉拌，烹饪前，应将萹蓄先放入沸水中焯一下，然后可以放盐、味精、酱油、蒜末、香油等佐料凉拌，还可以搭配猪肉炒食。

【食用功效】

萹蓄性味苦，微寒。具有利尿通淋、杀虫、止痒的作用。

治小儿蛲虫攻下部痒：萹竹叶一握。切，以水一升，煎取五合，去滓，空腹饮之，虫即下，用其汁煮粥亦佳。（《食医心镜》）

治热黄：萹竹取汁顿服一升，多年者再服之。（《药性论》）

治蛔虫心痛，面青，口中沫出：萹蓄十斤。细锉，以水一石，煎去滓成煎如饴。空腹服，虫自下，皆尽止。（《药性论》）

治肛门湿痒或痔疮初起：萹蓄二、三两。煎汤，趁热先熏后洗。（《浙江民间草药》）

治疗腮腺炎：取鲜扁蓄30克，洗净后切细捣烂，加入适量生石灰水，再调入蛋清，涂敷患处。（《中药精华》）

【美食配料】

萹蓄嫩叶200克，猪肉150克。

【野菜美味】

将萹蓄去杂质后清洗干净，放入沸水中焯一下，切段，将猪肉洗净后切丝，锅内油烧热，放入猪肉煸炒，加酱油、姜葱、水、料酒、精盐炒至猪肉熟烂后，放入萹蓄继续炒至入味，出锅前加味精即可。

车前草

【车前草档案】

学名：*Plantago asiatica*

别名：蛤蟆草、车轮草、驴耳朵菜、地胆头、饭匙草、灰盆草、生舌草

所属类别：车前科植物

分布区域：分布于全国大部分省区，但以北方为多

采摘季节：4~5月间

采食部位：幼苗

【食用方法】

采摘车前草嫩苗，沸水轻煮后，用来凉拌、炒食、蘸酱、做馅、做汤或和面蒸食。

将车前草洗净、烫熟，沥干水分，切碎，放入碗里加入适量食盐、蒜泥、香油等调味品，凉拌车前草。也可以将鲜嫩的车前草清洗干净，配上葱花、花椒等调料，炒食。

此外，车前草蒸包子、包饺子、烙馅饼等也是不错的食用方法，其馅鲜嫩美味，或者与大米同煮做成菜粥食用。

【食用功效】

车前草性味甘、寒，具有清热利尿、清肝明目、祛痰止咳的功效。

治小儿小便不通：车前草（切）一升，小麦一升。上二味，以水二升，煮取一升二合，去滓，煮粥服，日三四。（《千金要方》）

治湿气腰痛：车前草连根七颗，葱白连须七颗，枣七枚。煮酒一瓶，常服。（《简傅单方》）

治尿血渗痛：车前叶生捣，绞取汁三合，生地黄汁三合，蜜二合。上相和，微暖，空心分为二服。（《食医心鉴》）

【美食配料】

车前草100克，淡竹叶12克，甘草10克，冰糖适量。

【野菜美味】

将车前草、淡竹叶、甘草洗净后，一同放入锅中，水煎去渣取汁，加入冰糖，入砂锅中稍炖即成。

刺五加

【刺五加档案】

学名：Acanthopanax senticosus

别名：一百针、老虎潦、刺拐棒、坎拐棒子、五加皮

所属类别：五加科植物

分布区域：黑龙江、吉林、辽宁、河北和山西等地

采摘季节：春季

采食部位：嫩叶、嫩芽

【食用方法】

新鲜的刺五加叶子可以食用，可以凉拌，可以炒肉，或者做汤、做馅等，味道都不错。

凉拌刺五加，做法很简单，配上精盐、味精、蒜、麻油等调料，搅拌均匀，即可食用，可以补充丰富的胡萝卜素和维生素。

刺五加做炒菜，可以炒肉，把肉切成细条，和刺五加放在一起炒熟即可。

刺五加包饺子也是不可多得的美味，把刺五加剁碎了以后和肉馅放在一起，加上各种调料，包成饺子吃，味道特别鲜美。

【食用功效】

刺五加性温，味辛、微苦，具有益气健脾、补肾安神强腰、活血通络的作用。

治小儿筋骨痿软，行走较迟：刺五加9克，茜草、木瓜、牛膝各6克。水煎服。（《宁夏中草药手册》）

治脚气水肿：刺五加12克，黄芪30克。水煎服。（《宁夏中草药手册》）

治风湿疼痛：刺五加15克，水煎服，或加黄酒泡服。（《甘肃中草药手册》）

【美食配料】

刺五加叶300克，水豆豉65克。

【野菜美味】

将刺五加的老茎叶择去，清洗干净，放入沸水锅里焯水，用冷水里冲凉；将一瓣蒜与一小块仔姜捣成泥；准备一些水豆豉，把捣好的蒜泥放入水豆豉里，放入酱油、适量糊辣椒粉拌匀，把刺五加放入一个大碗里，倒入水豆豉拌即可食用。

刺苋

【刺苋档案】

学名：*Amaranthus spinosus*

别名：野苋菜、猪母刺、刺刺草、筋苋菜、土苋菜

所属类别：苋科植物

分布区域：陕西、河南、安徽、湖南、湖北、江苏、浙江、江西、四川、云南、贵州、广西等地

采摘季节：夏、秋季

采食部位：嫩茎叶

【食用方法】

刺苋主要食用嫩芽和茎秆，嫩茎叶入沸水锅焯后，捞出清水洗净，可制成多种菜肴，炒食或凉拌、做汤，做馅都可以。

比如炒刺苋、刺苋烧猪肉、刺苋鸡蛋汤，还可以用刺苋与猪肉搭配，做成馅，包饺子、蒸包子。

【食用功效】

刺苋味甘淡、微苦涩、性凉，具有解毒消肿、清肝明目、散风止痒、杀虫疗伤的作用。

治痔疮出血：刺苋、百眼藤头各30克，水煎加蜜服。

【美食配料】

刺苋250克，枸杞子叶30克，鸡肝2副，决明子15克。

【野菜美味】

将刺苋与枸杞子叶清洗干净；鸡肝切片氽水；决明子装袋中，扎紧口，与水入锅熬成高汤，捡去药袋。加入刺苋、枸杞子叶煮沸，下肝片煮熟，调味即可。

多花黄精

【多花黄精档案】

学名：*Polygonatum cyrtonema*

别名：姜形黄精、甜黄精、白及黄精、兔竹、垂珠

所属类别：百合科植物

分布区域：广东、江西、湖北、湖南、贵州等地

采摘季节：春、秋

食用部位：根茎

【食用方法】

多花黄精的食用方法非常多，可以煲汤、熬粥、做茶饮或药酒，还可以用于炖鸡。其中煲汤和熬粥的吃法最为常见，如多花黄精地黄汤、多花黄精枸杞汤、多花黄精羊肝汤、多花黄精瘦肉粥、多花黄精粳米粥等。

【食用功效】

多花黄精性平、味甘。具有补气养阴、健脾、润肺、益肾的作用。

治足癣、体癣：多花黄精30克，丁香10克，百部10克。煎水外洗。（《新编常用中草药手册》）

治神经衰弱，失眠：多花黄精15克，野蔷薇果9克，生甘草6克。水煎服。（《新疆中草药》）

治阴血不足，大便秘结：多花黄精、火麻仁、玄参各15克，当归、肉苁蓉各9克，熟地黄12克。水煎服。（《湖北中草药志》）

治神经性皮炎：多花黄精适量，切片，九蒸九晒。早晚嚼服，每次15～30克。（《湖北中草药志》）

治病后体虚，面黄肌瘦，疲乏无力：多花黄精12克，党参、当归、枸杞子各9克。水煎服。（《宁夏中草药手册》）

【美食配料】

多花黄精50克，粳米150克，白糖适量。

【野菜美味】

将多花黄精洗净切片，放入砂锅内，加水煎取浓汁，去渣；粳米淘洗净，连同煎汁放入砂锅内，加入适量水，用大火煮沸，改为小火煮约30分钟，用糖调味即成。

大蓟

【大蓟档案】

学名：*Cirsium japonicum*

别名：大刺儿菜、丝毛飞廉、刺蓟、山牛蒡、鸡项草、马刺草、牛口舌、草鞋刺

所属类别：菊科植物

分布区域：全国大部分地区

采摘季节：夏、秋季

采食部位：嫩叶

【食用方法】

夏季是食用大蓟的好时机，采集大蓟的嫩叶，可以凉拌、炒食、炖汤或腌制咸菜，也可直接将新鲜的大蓟洗净蘸酱食用，具有清热降火的功效。

很多人喜欢炒食大蓟，炒大蓟之前，先要将大蓟入沸水锅中锅焯一下，去除苦味，可以单炒，加上点葱花、蒜末即可，也可以与鸡蛋搭配炒食。

【食用功效】

大蓟性凉，味甘、苦，具有凉血止血、祛瘀消肿的作用。

治汤火烫伤：大蓟新鲜根，以冷开水洗净后捣烂，包麻布炖热绞汁涂抹，日二、三次。（《福建民间草药》）

治牙痛，口腔糜烂：大蓟根30克，频频含漱。（《战备草药手册》）

治妇女干血痨或肝痨，恶寒发热，头疼，形体消瘦，精神短少：新鲜大蓟二两，黄牛肉四两。共入罐内煮烂，天明吃毕后复熟睡。忌盐。（《滇南本草》）

治结核于项左右，或栗子疮红肿溃烂出脓久不收口者：独根大蓟，不拘多少，或煮水牛肉，或猪肉，或单用，煨点水酒服。外用新鲜大蓟捣烂，入发灰、儿茶、血竭同拌，敷疮口，生肌。（《滇南本草》）

【美食配料】

鲜嫩大蓟菜叶250克，鲜黄牛肉500克。

【野菜美味】

将大蓟菜叶洗净，入沸水锅内焯一下，洗去苦味，挤干水分，切段；牛肉洗净切大块。锅内放入牛肉和适量水，将牛肉煮熟，捞出切片，放入锅内，加入料酒、盐、酱油、葱段、姜片，用小火烧至牛肉入味，放入大蓟，烧至入味，即可。

地瓜儿苗

【地瓜儿苗档案】

学名：*Lycopus lucidus*
别名：地笋、泽兰、甘露子、方梗泽兰
所属类别：唇形科植物
分布区域：全国大部分地区
采摘季节：春、夏、秋季节
采食部位：嫩茎叶、肉质根

【食用方法】

春夏季节，可以采摘地瓜儿苗的嫩茎叶入菜，凉拌、炒食、做汤均可，如素炒地瓜儿苗。

到了晚秋后，可以采挖出地下膨大洁白色的匍匐茎（因形状如竹笋，故名地笋），肉质根洗净后可以焯熟凉拌，也可以做酱菜，味道极佳，堪称野菜珍品。

【食用功效】

地瓜儿苗性味甘、辛，性平，具有化淤止血、益气利水之功效。治经闭、产后淤滞腹痛、身面水肿。

治经闭腹痛：地瓜全草、铁刺菱各三钱，马鞭草、益母草各五钱，土牛膝一钱。同煎服。（《浙江民间草药》）

治产后阴翻，产后阴户燥热，遂成翻花：地瓜全草四两，煎汤熏洗二、三次，再入枯矾煎洗之。（《濒湖集简方》）

【美食配料】

大米300克，腊肉100克，地瓜儿苗50克。

【野菜美味】

将腊肉、地瓜儿苗分别洗干净，切成薄片备用，小葱洗净，切成葱花备用；在炒锅中加入适量的油，油热后，放入腊肉，将腊肉炒出油之后，放入地瓜儿苗翻炒，加入适量盐即可；大米淘洗干净，加入适量清水，将炒好的地瓜儿苗腊肉放在饭上来，中火蒸20分钟，然后撒上葱花继续焖2分钟，即成。

鹅肠草

【鹅肠草档案】

学名：*Malachium aquaticum*

别名：抽筋草、鹅肠菜、伸筋藤、鹅耳肠、壮筋丹、鸡卵菜

所属类别：石竹科植物

分布区域：广布我国南北各地

采摘季节：春季

采食部位：嫩茎叶

【食用方法】

用鹅肠草做的菜肴不仅美味，还有非常好的保健养生功效，具有清血解毒、利尿的作用。

鹅肠草最常见的吃法就是凉拌，凉拌之前需要先将鹅肠草用沸水焯一下，然后搭配一些调料，就可以食用了。

鹅肠草还可以用来泡酒，与制川乌、牛膝、鸡屎藤、制草乌搭配，将以上食材切碎，放入高度白酒中，浸泡3~5天，过滤到渣，就可以饮用了。

【食用功效】

鹅肠草性味酸，具有清热凉血、消肿止痛、消积通乳的作用。

治高血压：鹅肠草五钱。煮鲜豆腐吃。（《云南中草药》）

治痔疮肿痛：鲜鹅肠草四两。水煎浓汁，加盐少许，溶化后熏洗。（《陕西中草药》）

治牙痛：鲜鹅肠草，捣烂加盐少许，咬在痛牙处。（《陕西中草药》）

治痢疾：鲜鹅肠草一两。水煎加糖服。（《陕西中草药》）

【美食配料】

鹅肠草300克，红辣椒、姜适量。

【野菜美味】

鹅肠草洗净，用盐水浸泡5分钟，沥水备用；将红辣椒、生姜切成细丝；锅中倒入清水，烧开后放入适量盐、油，倒入鹅肠草烫熟后捞起；再将红辣椒烫一下，将烫熟的鹅肠草、红椒丝沥水备用，放入盐、糖、醋拌匀后，滴麻油、撒姜丝拌匀即可。

腐 婢

【腐婢档案】

学名：*Premna microphylla*

别名：豆腐柴、观音柴、满山香、小退赤、知时木、早禾柴

所属类别：马鞭草科植物

分布区域：安徽、江西、湖北、湖南、浙江、江苏、四川、贵州、福建、广东、广西等地

采摘季节：春、夏、秋均可

采食部位：嫩叶

【食用方法】

腐婢最著名的吃法就是做豆腐，是河南浙川、江西、湖南、贵州、安徽六安、广西桂林等地饮食中最富特色的传统小吃。

腐婢豆腐是一种泡在水里，口感顺滑，最适合夏季食用，具有去火、清凉解毒之功效的绿色美食，色泽鲜艳，香味浓厚。

【食用功效】

腐婢叶性味苦、微辛、性寒，具有清热解毒、消肿止痛之功效。

治刀斧创伤：新鲜腐婢叶，捣烂如泥，敷于伤处，能止血止痛。（《江西民间草药验方》）

治无名肿毒：新鲜腐婢叶捣烂，外敷；或晒干，研细末，用蜂蜜调敷患处。初起未化脓者，连敷二、三天可消散。局部不红不肿的阴症忌用。（《江西民间草药验方》）

治酒醉不醒：神仙叶9克，葛花6克，水煎服。

【美食配料】

新鲜腐婢叶子500克。

【野菜美味】

将新鲜的腐婢叶子洗净，沥干水分，放到盆中，用开水烫匀，加入几滴清油，掺入凉水搅拌，反复揉搓，直到叶子与热水成为糊状，用纱布过滤，放在阴凉处，几个小时后便可凝固，打成豆腐样的块状，放入清水中，即成凉粉，食用时，切成条状，加入调料。

翻白草

【翻白草档案】

学名：*Potentilla discolor*

别名：鸡腿根、鸡腿子、白头翁、鸡脚爪、金钱吊葫芦、郁苏参、鸡爪参

所属类别：蔷薇科植物

分布区域：东北、华北、华东、中南及陕西、四川等地

采摘季节：夏秋季节

采食部位：嫩茎叶、根

【食用方法】

翻白草的嫩茎叶、根在食用前，先在热水中焯熟，再用凉水浸泡4、5个小时，去掉苦涩味道之后，可用来凉拌、炒食、做汤、做馅等。

在以上吃法中，做汤较为常见，翻白草可以与白鲜皮搭配煎汤食用，或者与赤、白芍药、甘草搭配，以上食材水煎沸后，去渣饮用。还可以与马齿苋搭配，翻白草根略捣，用黄酒适量煎汁饮用。

【食用功效】

翻白草性味甘、微苦，平，具有清热解毒，凉血止血、止痢之功效。

治吐血不止：翻白草。每用五、七科，嚼咀，水二钟，煎一钟，空腹服。（《纲目》）

治肺痈：鲜翻白草根30克，老鼠刺根、杜瓜根各15克，加水煎成半碗，饭前服，日服二次。（《福建民间草药》）

治大便下血：翻白草根45克，猪大肠不拘量。加水同炖，去渣，取汤及肠同服。（江西《民间草药》）

治急性喉炎，扁桃体炎，口腔炎：翻白草鲜全草适量，捣烂取汁含咽。（《浙江药用植物志》）

治痛经：翻白草（连根）45克，益母草10克。水煎酌加红糖，黄酒服。（《河南中草药手册》）

【美食配料】

翻白草根300克。

【野菜美味】

将翻白草根清洗干净后，切成块或丝状，放入碗中，加入食盐、生抽、料酒、醋等拌匀后，即可食用。

费菜

【费菜档案】

学名：Sedum aizoon

别名：养心草、倒山黑豆、马三七、白三七、胡椒七、七叶草、回生草、救心菜

所属类别：景天科植物

分布区域：我国北部、中部

采摘季节：春、夏时节

采食部位：嫩茎叶、幼苗

【食用方法】

费菜没有苦味，口感很好，可炒、可炖、可煲汤，可做糖醋菜，还可以凉拌。在所有的食用方法中，凉拌是最为常见的一种吃法，但在凉拌前一定要先煮熟。

【食用功效】

费菜性味酸，具有养心、宁心、平肝、降血压、降血脂的作用。长期食用对心脏病、高血压、高血脂有较好的疗效。

治高血压、心烦面红：鲜费菜全草二两。水煎，酌加蜂蜜调服。（江西《草药手册》）

【美食配料】

费菜300克，鸡蛋3个，红椒1个。

【野菜美味】

费菜清洗干净，沥干水分，切成段；红椒洗净切成丁，鸡蛋加少许盐，打散成蛋液；将以上食材混合，搅拌均匀，使所有叶片都沾上蛋液；锅烧热后，倒入少许油，将混合好的蛋液倒入锅中，待蛋液稍凝固，用铲子翻炒，炒至所有蛋液凝固，菜叶发软即可。

附地菜

【附地菜档案】

学名：*Trigonotis peduncularis*

别名：胡地椒、伏地菜、鸡肠草、地铺圪草

所属类别：紫草科植物

分布区域：西藏、内蒙古、新疆、江西、福建、云南、东北、甘肃、广西等地

采摘季节：春季

采食部位：幼嫩茎叶

【食用方法】

附地菜的幼苗可食用，洗净后入沸水焯烫，然后凉拌或者炒食。也可与杂粮面拌在一起，加入适量盐、作料拌匀，蒸熟食用。

【食用功效】

附地菜性甘、辛，味温，温中健胃，消肿止痛，止血。用于胃痛，吐酸，吐血；外用治跌打损伤，骨折；治遗尿，赤白痢，发背，热肿，手脚麻木。

治风热牙痛，水肿发歇，元脏气虚，小儿疳蚀：附地菜、旱莲草、细辛等分。为末，每日擦三次。（《普济方》祛痛散）

治手脚麻木：附地菜三两，泡酒服。（《贵州草药》）

【美食配料】

附地菜300克，精猪肉50克，葱、姜少许，食用油、盐、生抽、料酒适量。

【野菜美味】

附地菜洗净，入沸水焯烫，将精猪肉洗净切片，在锅中放入食用油，烧至四成热，爆炒猪肉片，放入料酒，加入葱、姜，翻炒片刻，放入附地菜、放入盐、生抽，1分钟之后出锅。

芙蓉花

【芙蓉花档案】

学名：*Hibiscus mutabilis*

别名：拒霜花、四面花、转观花、七星花、富常花、霜降花、三变花

所属类别：锦葵科植物

分布区域：华东、中南、西南及辽宁、河北、陕西、台湾

采摘季节：秋季

采食部位：花朵

【食用方法】

芙蓉花的吃法有很多，可炒食，比如与鸡肉、竹笋同炒，也可以做汤、熬粥，还可以与面粉调和，放入油锅中炸，炸后与软骨煨汤，抑或者用来煎蛋。

【食用功效】

芙蓉花性味辛；微苦；凉，具有清热解毒、凉血止血、消肿排脓之功效。

治热咳嗽、目赤肿痛：取芙蓉花9~15克，煎汤内服。

治毒蛇咬伤、水火烫伤：取适量芙蓉花，研末调敷或捣敷。

【美食配料】

糯米100克，粳米50克，芙蓉花10朵，蜂蜜适量。

【野菜美味】

将糯米、粳米淘洗干净；芙蓉花用清水浸泡，去掉花心，洗净；取砂锅，放适量清水，放下糯米、粳米，大火煮开，小火炖40分钟；放入芙蓉花，煮2分钟，放入蜂蜜即可。

杠板归

【杠板归档案】

学名：*Polygonum perfoliatum*

别名：老虎䚻、蛇倒退、犁头刺、倒金钩、退血草、急解素、猫爪刺

所属类别：蓼科植物

分布区域：主产江苏、浙江、福建、江西、广东、广西、四川、湖南、贵州

采摘季节：春、夏季节

采食部位：嫩叶

【食用方法】

杠板归在江南非常常见，很多人的童年里都有它的记忆，杠板归的叶子酸酸甜甜，可以直接采摘下来，生吃，也可以加上白砂糖、蜂蜜等凉拌食用。

【食用功效】

杠板归性寒，味酸，具有利水消肿、清热解毒、止咳之功效。对咽喉肿痛、肺热咳嗽、小儿顿咳、水肿尿少、湿热泻痢、湿疹、蛇虫咬伤等有好的疗效。

治慢性湿疹：鲜杠板归120克。水煎外洗，每日1次。（《单方验方调查资料选编》）

治痈肿：鲜杠板归全草60~90克。水煎，调黄酒服。（《福建中草药》）

治下肢关节肿痛：鲜杠板归全草60~90克。水煎服。（《福建中草药》）

治蛇咬伤：杠板归叶，不拘多少，捣汁，酒调随量服之，用渣搽伤处。（《万病回春》）

治急性扁桃体炎：石豆兰30克，杠板归75克，一枝黄花15克。水煎，每日1剂，分2次服。（《全国中草药新疗法展览会资料选编》）

【美食配料】

杠板归30克，猪大肠60克。

【野菜美味】

将猪大肠反复清洗，清洗干净后，切成段备用；杠板归清洗干净；锅中倒入清水，放入猪大肠，煮沸后，继续煮30分钟，然后放入杠板归，再次煮沸后，加盐、鸡精调味，即可。

枸杞苗

【枸杞苗档案】

学名：*Lycium chinense*

别名：地仙苗、甜菜、枸杞尖、天精草、枸杞菜、枸杞头

所属类别：茄科植物

分布区域：全国绝大多数地方均有

采摘季节：春夏

食用部位：嫩茎叶

【食用方法】

人们大多知道枸杞可以食用，却不知道枸杞苗也是一种难得的美味，枸杞苗鲜嫩爽滑、纤维少、口感好。食用方法有凉拌、爆炒，还可以下火锅食用。如果凉拌的话，记得先用开水焯熟之后再食用。

【食用功效】

枸杞苗性味苦甘，凉。具有补虚益精、清热、止渴、祛风明目的作用。

治五劳七伤，房事衰弱：枸杞叶半斤（切），粳米二合。上件以豉汁相和，煮作粥，以五味末葱白等，调和食之。（《圣惠方》枸杞粥方）

治急性结膜炎：枸杞叶二两，鸡蛋一只。稍加调味，煮汤吃，每日一次。（广西《中草药新医疗法处方集》）

治视力减退及夜盲：枸杞菜二两，柄猫草一两，夜明砂三钱，猪肝四两。水煎服。（《陆川本草》）

【美食配料】

枸杞苗300克，竹笋50克，猪肉50克。

【野菜美味】

枸杞苗洗净，沥干水；竹笋去壳洗净，入淡盐水中煮熟切成细丝；猪肉切成细丝，放入盐、料酒、干淀粉拌匀腌制10分钟；炒锅烧热加油，入肉丝煸炒至颜色变白盛出；另起油锅，油热八成时，入笋丝、枸杞头大火快速煸炒，加盐、白糖，加入肉丝炒匀即可。

构树花

【构树花档案】

学名：*Broussonetia papyrifera*
别名：楮桃花
所属类别：桑科植物
分布区域：华北、华东、华南、西南及河北、山西、陕西、甘肃、湖北、湖南等地
采摘季节：4~5月
食用部位：雄花花蕾

【食用方法】

构树花最常用的食用方法就是拌面蒸食，除此之外，还可以凉拌，炒菜，做汤，口味都非常不错。

【食用功效】

构树的种子和根、叶可以入药。

楮实子性寒，味甘，具有补肾清肝、明目、利尿、消肿止痛、杀菌止痒、止吐的功效。

治喉痹喉风：楮桃阴干，每用一个为末，井华水服之，重者两个。（《濒湖集简方》）

治耳鸣，眼雾：桑泡、藨秧泡、构泡、大乌泡、三月泡，泡酒服。（《重庆草药》）

【美食配料】

构树花300克，面粉50克。

【野菜美味】

构树花洗净，控净水分；撒上干面粉，搅拌均匀，放到蒸锅的笼屉上面蒸，水开后蒸5分钟即可，食用时蘸上蒜泥、盐、生抽、醋和香油调好的汁。

葛藤

【葛藤档案】

学名：*Pueraria lobata*
别名：干葛、葛条、粉葛、甘葛、葛根
所属类别：豆科植物
分布区域：全国大部地区有产，主产河南、湖南、浙江、四川等地
采摘季节：春、秋
采食部位：根部

【食用方法】

葛藤的食用方法主要是磨成粉，然后用来煮粥或者作为调味品，或者煮白花银背藤饭。

将葛藤磨粉后用凉开水调成葛粉，再用沸水冲化葛粉，使其呈现出晶莹剔透状，加入桂花糖调拌均匀，就做成了桂花葛粉羹。

葛藤磨粉后，还可以与粟米同煮成粥，粥煮好后，加上调味品，即可食用。

在炎热夏季，用葛藤炖汤也不错，将葛藤切片洗净后，与排骨、母鸡、鸭子等一起炖汤，加上调味品即可食用。

此外，还有一种非常简便的食用方法，将白花银背藤洗净切成薄片，加水煮沸后当茶饮用。

【食用功效】

葛藤入药的部分主要是根部，称为葛根，其味甘、辛，凉，有解肌退热，透疹，生津止渴，升阳止泻之功效。

可用于治疗高血糖、老年性痴呆、智力障碍、记忆力差等病症，对学习记忆力障碍有明显的作用。可防治心肌缺血、心肌梗死、心律失常、高血压、动脉硬化等病症，对长期饮酒者起到减少酒精对肝脏的影响。

治酒醉不醒：葛根汁一斗二升，饮之，取醒，止。（《千金方》）

治卒干呕不息：捣葛根，绞取汁，服一升差。（《补缺肘后方》）

【美食配料】

葛藤100克，草鱼250克，生姜适量。

【野菜美味】

将生姜刮皮，捣烂，将葛藤、鱼头洗净；起油锅，放入生姜、鱼头，稍煎片刻铲起，放入瓦煲内，加入葛藤、适量清水，武火煮沸后，文火煮3个小时，调味即可。

拐 枣

【拐枣档案】

学名：Hovenia dulcis
别名：鸡爪梨、金钩梨、万字梨、万寿果
所属类别：鼠李科植物
分布区域：浙江、福建、江西、湖南、陕西、四川、贵州、云南、广东、广西
采摘季节：秋季
采食部位：果实

【食用方法】

拐枣果实可作为水果直接食用，也可以入菜，或者泡酒。

拐枣当做水果食用时，只要洗净去皮，即可入口。

入菜时，可作为调料，也可直接用来煮汤。当做调料时，需要将拐枣切成末，撒在菜肴上，也可以与其他食材搭配煮汤。

泡酒时，需要将拐枣洗净，风干，然后浸入酒中，密封1周左右，即可饮用。

【食用功效】

拐枣味甘酸，性平，无毒，具有醒酒安神、止渴除烦，消湿热，解酒毒，利小便等功效。

治小儿惊风：拐枣果实一两，水煎服。（《湖南药物志》）

治饮酒多发积，为酷热蒸熏，五脏津液枯燥，血泣小便并多，肌肉消烁，专嗜冷物寒浆：拐枣果实二两，麝香一钱。为末，面糊丸，如梧子大。每服30丸，空心盐汤吞下。（《世医得效方》）

治手足抽搐：拐枣果实五钱，四匹瓦五钱，蛇莓五钱，水煎服。（《湖南药物志》）

【美食配料】

鲜拐枣120克，猪心、肺各1具，红蔗糖30克。

【野菜美味】

拐枣洗净，猪心、肺洗净并切成小块，将拐枣、猪心肺、红蔗糖共同放入瓦罐中，加适量清水，文火慢炖1小时后，调入少许精盐、味精即可食用。

黄鹌菜

【黄鹌菜档案】

学名：*Youngia japonica*

别名：三枝香、黄山芥菜、苦菜药、土芥菜、野芥菜、芥菜仔、臭头苦苴

所属类别：菊科植物

分布区域：江苏、安徽、浙江、福建、湖北、广东、四川、云南等地

采摘季节：春、夏季节

采食部位：嫩茎叶、幼芽、花蕾

【食用方法】

黄鹌菜幼芽、嫩茎叶、花蕾都可以食用，吃法也很多。

采摘鲜嫩的黄鹌菜，洗净后，放入沸水中焯一下，捞出来，沥干水分，可以凉拌，也可以与鱼干、肉丝等炒菜食用。还可以用黄鹌菜的花蕾挂面糊或者蛋液，油炸食用。

可用于清热解毒、消肿止痛、感冒咽痛、乳腺炎、结膜炎、尿路感染、白带、风湿性关节炎等症状。

【食用功效】

黄鹌菜性凉味甘、微苦，无毒，具有清热解毒、利尿消肿、止痛的功效。

治咽喉炎症：鲜黄鹌菜，洗净，捣汁，加醋适量含漱（治疗期间忌吃油腻食物）。

治乳腺炎：鲜黄鹌菜一至二两。水煎酌加酒服，渣捣烂加热外敷患处。

【美食配料】

黄鹌菜100克，玉簪花40克，葱丝适量。

【野菜美味】

黄鹌菜洗净，投入沸水中焯一下，捞起，放入冷水中冲凉，沥干备用；玉簪花洗净，放入沸水中焯一下，捞起，切成细末；将黄鹌菜、玉簪花、葱丝放入大碗中，加入盐、味精、香油，拌匀即可。

蔊菜

【蔊菜档案】

学名：Rorippa indica

别名：野油菜、野芥草、独根菜

所属类别：十字花科植物

分布区域：陕西、甘肃、山东、江苏、浙江、江西、福建、台湾、河南、湖南、广东、四川、云南等地

采摘季节：5～7月

食用部位：嫩茎叶

【食用方法】

蔊菜以炒食、煲汤为主，炒食可以清炒，做蒜蓉蔊菜，也可以搭配鸡蛋，煲汤宜搭配豆腐或者猪肺，如、蔊菜豆腐汤、蔊菜猪肺汤。

【食用功效】

蔊菜性微温，味辛、苦。具有祛痰止咳、解表散寒、活血解毒、利湿退黄的作用。

治感冒发热：蔊菜15克，桑叶9克，菊花15克，水煎服。(《青岛中草药手册》)

治头目眩晕：蔊菜(嫩的)切碎调鸡蛋，用油炒食。(《贵阳民间药草》)

治风湿关节炎：蔊菜30克，与猪脚煲服。(《广西民族药简编》)

治小便不利：蔊菜15克，茶叶6克，水冲代茶饮。(《青岛中草药手册》)

治鼻窦炎：鲜蔊菜适量，和雄黄少许捣烂，塞鼻腔内。(《福建中草药》)

治蛇头疔：鲜蔊菜捣烂，调鸭蛋清外敷。(《福建中草药》)

【美食配料】

毛豆腐100克，蔊菜100克。

【野菜美味】

豆腐切成块，蔊菜清洗干净；锅中放入适量的水，水开后把豆腐、蔊菜放到锅里煮，待水的颜色变红后，继续煮3分钟，加入盐和鸡精即可。

合欢花

【合欢花档案】

学名：*Albizia julibrissin*

别名：夜合树、夜合欢、苦情花、绒花树、鸟绒树

所属类别：含羞草科植物

分布区域：华东、华南、西南、辽宁、河北、陕西、河南

采摘季节：夏季花开时

采食部位：花朵

【食用方法】

合欢花可以单泡，也可以与冰糖、蜂蜜共冲，味道极佳。

单泡，干燥的合欢花花蕾4~6克，放入壶中，再倒入沸水，焖上2~3分钟即可享用。

与蜂蜜共冲，取少量蜂蜜，放入壶中，倒入白开水，再取合欢花花蕾4~6克，加入其中，等上5分钟左右，即可饮用。

与冰糖共冲，取少量冰糖，放入壶中，倒入白开水，再取合欢花花蕾4~6克，加入其中，等上5分钟左右，即可饮用。

除了泡茶，合欢花还可以熬粥，取适量合欢花、粳米、红糖，将粥熬得黏稠，睡前温服。此粥香甜可口，经常服用，具有安神、美容、益寿延年之功效。

【食用功效】

合欢花性味甘，平，舒郁、理气、安神、活络、养血、滋阴肾、清心明目，具有强身、镇静、安神、清热解暑，养颜祛斑、解酒等功效。

治眼雾不明：合欢花、一朵云、泡酒服。（《四川中药志》）

治风火眼疾：合欢花配鸡肝、羊肝或猪肝蒸服。（《四川中药志》）

治神烦不宁，抑郁失眠：合欢花、柏子仁各9克、龙齿15克、白芍6克、琥珀粉3克（分两次冲服），水煎服。（《安徽中草药》）

治腰脚疼痛久不瘥：合欢花120克、牛膝（去苗）30克、红蓝花30克、石盐30克、杏仁（汤浸去皮，麸炒微黄)15克、桂心30克。上药捣罗为末，炼蜜和捣百余杵，丸如梧桐子大。每日空心，以温酒下三十丸，晚食前再服。（《圣惠方》夜合花丸)

【美食配料】

合欢花10克、酸枣仁8克、白芍10克、柏子仁5克。

【野菜美味】

将合欢花、白芍、酸枣仁、柏子仁分别用清水洗干净，滤干，备用；将白芍、酸枣仁、柏子仁放入砂锅中，加入适量清水，大火煮至沸腾，再调为小火煎煮5~6分钟，即可，取汁备用；将合欢花放入杯中，加入白芍、酸枣仁、柏子仁的茶汁，闷泡5分钟，即可享用。

槐树花

【槐树花档案】

学名：*Robinia pseudoacacia*
别名：刺槐花、洋槐花
所属类别：豆科植物
分布区域：南北各地均有，尤以黄土高原及华北平原最为常见。
采摘季节：夏季
采食部位：花朵

【食用方法】

槐树花的吃法有很多，可以凉拌、焖饭，还可以做槐花糕、包饺子，熬粥、做汤时也可以加入一些槐树花。

不过，日常最常见的就是蒸槐树花，又称为槐树花麦饭，在我国很多地区都有吃蒸槐树花的习惯。将槐树花清洗干净，倒入少量面粉，放入盐、食用油，拌匀，上锅蒸即可。

糖尿病、过敏性体质的人慎用。

【食用功效】

槐树花性微寒，味苦，具有凉血止血、清肝泻火、目赤肿痛、喉痹、失音之功效。

治脱肛：槐花、槐角等分炒香黄，为细末，用羊血蘸药，炙热食之，以酒送下。或以猪膘去皮，蘸药炙服。（《百一选方》）

治小便尿血：槐花（炒）、郁金（煨）各30克。为末，每服6克。淡豉汤下。（《篋中秘宝方》）

治中风失音：槐花一味炒香熟，三更后床上仰卧，随意服。（《世医得效方》独行散）

治大肠下血：槐花、荆芥穗等分。为末，酒服。（《经验方》）

【美食配料】

槐树花200克，鸡蛋3个。

【野菜美味】

将槐树花洗净，下入开水锅内焯一下，捞出挤水；鸡蛋磕入碗内，加盐、味精打散，放入槐花拌匀；葱切花；炒锅倒入油烧热，下入葱花爆香，倒入槐树花蛋液炒松熟透即可。

何首乌

【何首乌档案】

学名：*Fallopia multiflora*
别名：赤首乌、首乌、夜交藤
所属类别：蓼科植物
分布区域：广东、贵州、广西、河南、江苏等地
采摘季节：秋、冬季节
食用部位：块根

【食用方法】

何首乌的营养价值非常高，食用的方法也非常多，清洗干净后可以直接生吃，还可以用来泡茶喝，将何首乌切成片，每次只需放二、三片，用80℃的水泡制，若觉得味苦，可以加点冰糖。此外，用何首乌煨鸡、做何首乌粥、煲牛肉等的味道也非常不错。

【食用功效】

何首乌性温，味苦、甘。具有解毒、消痈、润肠通便的作用。

治遍身疮肿痒痛：防风、苦参、何首乌、薄荷各等分。上为粗末，每用药15克，水、酒各一半，共用一斗六升，煎十沸，热洗，于避风处睡一觉。（《外科精要》）

治大肠风毒，泻血不止：何首乌60克，捣细罗为散。每于食前，以温粥饮调下3克。（《圣惠方》）

治疟疾：何首乌20克，甘草2克，小儿酌减。每日1剂，浓煎2小时，分3次食前服用，连用2天。（《广东医学·祖国医学版》）

治自汗不止：何首乌末，津调，封脐中。（《濒湖集简方》）

治破伤血出：何首乌末敷之即止。（《卫生杂志》）

【美食配料】

牛腩250克，何首乌30克，桂圆肉、红枣各5颗，陈皮少量。

【野菜美味】

牛腩洗净，切块，放入滚水中烫去血水，捞出、待用；桂圆肉、红枣冲洗干净备用，陈皮用清水浸泡至软；锅中放入适量水，放入所有材料。待煲滚后，转小火继续煲2小时即可。

藿香

【藿香档案】

学　名：*Agastache rugosa*
别名：排香草、土藿香、猫把、青茎薄荷
所属类别：唇形科植物
分布区域：主产广东、海南
采摘季节：春、夏季
采食部位：嫩茎叶

【食用方法】

说到藿香总让人想到难以下咽的藿香正气水，其实，新鲜的藿香叶并不难吃，用它可以做出各种美食，可以凉拌、炒食、做汤，还可以用来做馅，做成肉饼、肉丸，味道都不错。

值得一提的是，藿香与鸡蛋是完美搭配，可以用藿香来蒸蛋，如果不喜欢吃蒸蛋，还可以用来炒蛋，藿香叶炒鸡蛋别有一番风味。

【食用功效】

藿香性微温，味辛，具有快气、和中、辟秽、祛湿等功效，可用于暑湿感冒、胸闷、腹痛吐泻。适宜外感风寒、头痛昏重、呕吐腹泻、宿醉未醒、夜盲症、甲状腺功能亢进症者食用。

治夏季感冒暑湿：藿香、荷叶各5克，青蒳花、茉莉花各3克；用开水冲泡，可经常饮用。

【美食配料】

鲶鱼1条，藿香叶50克。

【野菜美味】

将鲶鱼洗净，抹上食盐，去除体表黏液，鱼肉切片，鱼骨切块，放入适量豆瓣酱抓匀，腌制30分钟；藿香叶切成条，姜切粒，泡菜切粗粒，切好葱花；锅中放油，烧热，倒入泡菜，炒香，下姜、葱，煸出香味，放入豆瓣酱，炒香，加水煮沸，倒入鱼片；鱼肉煮熟后，放入藿香，煮至断生，即可出锅。

荠 菜

【荠菜档案】

学名：*Capsella bursa-pastoris*
别名：护生草、假水菜
所属类别：十字花科植物
分布区域：广布我国南北各地
采摘季节：春季
采食部位：嫩苗

【食用方法】

春天是吃荠菜的好季节，荠菜是很多人喜欢吃的一种野菜，富含膳食纤维与维生素，是名副其实的纯天然绿色食品。

吃荠菜之前，要用开水焯一下，除去潜在的毒素，也具有防止过敏的作用，荠菜的吃法有很多，可以炒、焖、煮、煎等，比如荠菜炒鸡蛋，还可以做成馅，做包子、馄饨、春卷，或者做成汤、粥，还可以凉拌、蘸酱吃、腌制吃等。

值得注意的是，食用荠菜时，最好不要加蒜、姜、料酒来调味，以免破坏荠菜的清香味。

【食用功效】

荠菜性凉，味甘、淡，具有凉肝止血、平肝明目、清热利湿之功效。可治目赤肿痛、尿痛尿血、月经过多。

治小儿麻疹火盛：鲜荠菜50~100克（干的40~60克），白茅根200~250克。水煎，可代茶长服。(《福建民间草药》)

治风湿性心脏病：荠菜60克，鲜苦竹叶20个（去尖）。水煎代茶饮，每日1剂，连服数月。(《青岛中草药手册》)

治肺热咳嗽：荠菜全草用鸡蛋煮吃。(《滇南本草》)

治高血压：荠菜、夏枯草各60克。水煎服。(《全国中草药汇编》)

【美食配料】

新鲜荠菜240，鸡蛋4个。

【野菜美味】

荠菜去杂洗净，切成段，放进盘内，将鸡蛋打入碗内，用筷子拌匀。炒锅上旺火，放水烧沸，放入植物油，放入荠菜，再煮沸，倒入鸡蛋稍煮片刻，加入精盐，味精，出锅即可。

蕨 菜

【蕨菜档案】

学名：*Pteridium aquilinum var. latiusculum*

别名：如意菜、狼萁、拳头菜、粉蕨、龙头菜、鹿蕨菜、蕨儿菜、猫爪子

所属类别：凤尾蕨科植物

分布区域：产全国各地，主产于长江流域及以北地区

采摘季节：春季和夏初

采食部位：未展开的幼嫩叶芽

【食用方法】

蕨菜是非常美味的野菜，但食用不当不仅会影响口感，还会对健康造成不利影响。

第一，择蕨菜的时候一定要去掉老化的部分，这些老化的部分含有较高的毒素，食用后有可能导致中毒。

第二，蕨菜绒毛较多，对肠胃有较强的刺激性，所以，食用前一定要清理干净，用细毛刷刷掉绒毛。

第三，吃蕨菜主要食用的是未展开的幼嫩叶芽，如果叶子已经伸展开，一定要除掉，不然会有苦涩味。

第四，如果是干蕨菜，一定要彻底泡发，这样吃起来才爽脆；如果是鲜蕨菜，最好要经过焯水处理，能够去掉涩味和有毒物质。

蕨菜经过处理后，食用的方法多种多样，可炒食、煮汤、炝拌、盐渍，味道都很鲜美。

【食用功效】

蕨菜性味微涩，平，具有清热、健胃、祛风、化痰、降气等功效，具有一定的食疗价值。

蕨菜具有减肥去脂、健身美容、延缓衰老、消暑、去热等功效。

可治肠风热毒：蕨菜花（叶)焙为末，每服10克，米饮下。(《圣惠方》)

可治发热不退：鲜蕨根50～100克水煎服。(《浙江天目山药志》)

可治食隔、气隔。(《南京民间药草》)

【美食配料】

蕨菜500克，鸡蛋3个。

【野菜美味】

蕨菜用清水浸泡1小时，去除咸味后，切段，沥干备用；鸡蛋磕入碗中，蛋液中加入料酒，搅拌均匀后，炒锅烧热，倒入油，加入蛋液用筷子划炒成蛋碎；锅洗净后重新倒入油，倒入蕨菜翻炒，淋入生抽、盐、糖和醋，翻炒3分钟后，将炒好的蛋碎倒入；将蕨菜和蛋碎搅拌均匀后放入味精即可。

桔 梗

【桔梗档案】

学名：*Platycodon grandiflorus*

别名：梗草、苦桔梗、白药、利如、包袱花、四叶菜、沙油菜、山铃铛花

所属类别：桔梗科植物

分布区域：南北各省区均有分布

采摘季节：春、夏、秋季节

采食部位：嫩茎叶、根

【食用方法】

在春夏季节，采摘桔梗的嫩叶做菜，可清炒。

到了秋季，可以采挖桔梗的鲜根，用清水稍煮后，用清水浸泡，除去苦味，然后再进行腌食、炒食、凉拌，或者做汤、熬粥，味道鲜美可口。

【食用功效】

桔梗性平，味苦、辛，具有宣肺祛痰、利咽排脓、降低胆固醇、解热镇痛等功效。

治风热咳嗽痰多，咽喉肿痛：桔梗9克，桑叶15克，菊花12克，杏仁8克，甘草9克。水煎服。（《青岛中草药手册》）

治牙疳臭烂：桔梗、茴香等分。烧研敷之。（《卫生易简方》）

治鼻出血：桔梗为末，水服方寸匕，日四五服。（《千金要方》）

【美食配料】

桔梗、紫菀、杏仁各15克，地骨皮10克，花旗参5克，猪肺2个。

【野菜美味】

将猪肺切块，用手挤压除去泡沫，洗净后放入清水中煮开，捞出放入炖盅内；将桔梗、紫菀、杏仁、花旗参、地骨皮洗净后直接放入炖盅，再加适量水，隔水炖3小时；加入适量的调味料即可食用。

鸡冠花

【鸡冠花档案】

学名：Celosia cristata

别名：老来红、鸡角枪、鸡公花、鸡髻花、鸡冠头

所属类别：苋科植物

分布区域：全国各地均有栽培

采摘季节：夏秋季节

采食部位：花朵

【食用方法】

鸡冠花很常见，但很多人不知道它可以食用，其实它有很好的保健作用。鸡冠花含有很多对人体有益的营养成分，如维生素、矿物质、蛋白质、膳食纤维、天然辅酶等，非常适合食用。

鸡冠花的吃法有很多，可以熬粥、做汤等各种美味佳肴，鸡冠花的花籽还可以与红枣同煮，对眼睛有良好的保健作用。

【食用功效】

鸡冠花性凉，味甘、涩，具有收敛止血、止带、止痢之功效。

治经水不止：红鸡冠花一味，晒干为末。每服6克。空心酒调下，忌鱼腥猪肉。（《集效方》）

治尿路感染：鸡冠花、扁蓄各15克，鸭跖草30克。水煎服。（南药《中草药学》）

治遗精：鲜白鸡冠花30克，金丝草、金樱子各15克。水煎服。（《福建中草药》）

治风疹：白鸡冠花、向日葵各9克，冰糖30克。开水炖服。（《闽东本草》）

【美食配料】

鸡冠花60克，鸡蛋1个。

【野菜美味】

将鸡冠花洗净，加适量清水，放入锅中，煎煮，留汤去渣；将葱段、姜片吸入锅中，放入适量盐、味精、白糖，烧开，调匀；将鸡蛋打入锅中，煮成荷包蛋，盛入碗中，淋上香油，即可。

绞股蓝

【绞股蓝档案】

学名：*Gynostemma pentaphyllum*

别名：七叶胆、小苦药、遍地生根、五叶参、甘茶蔓

所属类别：葫芦科植物

分布区域：广东各地及陕西南部、长江以南各地

采摘季节：4~9月

采食部位：全株

【食用方法】

近二十多年来对绞股蓝的研究结果表明，它具有50多种近类似于人参皂苷类成分，对降血压、血脂、血糖、镇静、催眠、平喘止咳以及对各种癌细胞有显著的抑制作用，从而成为继人参、灵芝、石触之后的又一保健品新贵。

绞股蓝的食用方法主要有三种，分别是凉拌、做汤、泡茶，泡茶最好用烘焙过的干绞股蓝。

将烘焙干的绞股蓝与金盏花（干）放进壶里，加入适量沸水，闷上3、4分钟，就可以饮用了。

【食用功效】

绞股蓝性寒，味苦，具有清热解毒、止咳祛痰、降血压、降血脂、降血糖、滋补强壮、延缓衰老等功效。

治慢性支气管炎：绞股蓝晒干研粉。每次3~6克，吞服，每日3次。（《浙江药用植物志》）

治劳伤虚损，遗精：绞股蓝15~30克，水煎服，每日1剂。（浙江《民间常用草药》）

【美食配料】

绞股蓝400克，调料蒜泥20克。

【野菜美味】

绞股蓝洗净后放入沸水中大火焯半分钟，取出后用凉水冲凉，沥干水分备用；用蒜泥、香油、醋、盐将绞股蓝调拌均匀即可。

菊 芋

【菊芋档案】

学名：*Helianthus tuberosus*
别名：菊薯、洋姜、番姜、五星草
所属类别：菊科植物
分布区域：分布于我国大部分地区
采摘季节：秋季
采食部位：块茎

【食用方法】

菊芋的地下块茎富含淀粉、菊糖等果糖多聚物，可以食用，食用方法多样，比如煮食、熬粥、腌制咸菜等。

菊芋最常见的吃法就是腌制，将其切成片，腌制3~4个小时就可入味，若用整块的菊芋腌制，则需要的时间长一些。

菊芋也可以凉拌，将菊芋切丝，根据个人口味放入调料，即可食用。

炒菊芋时，可以清炒或者搭配肉丝，若炖汤可搭配老鸭，味道鲜美。需注意洋姜与兔肉、狗肉相克。

【食用功效】

菊芋味甘，凉。具有清热、排便通畅、消炎止痛、跌打止痛、提高免疫力、降火等功效。

治跌打损伤：菊芋鲜茎叶适量。捣敷。（《浙江药用植物志》）

【美食配料】

菊芋50克、茭白50克、瘦肉50克、水发绿豆粉皮150克。

【野菜美味】

将瘦肉、菊芋和茭白切成丝，锅内加水烧开，加入菊芋、茭白煮熟，捞起浸入冷水冲凉，瘦肉丝下少许盐、味精和湿生粉腌制片刻；将菊芋、茭白、肉丝、粉皮一同放入碗中，加入调味料拌匀，即可。

金樱子

【金樱子档案】

学名：*Rosa laevigata*

别名：白玉带、下山虎、糖罐子、刺头、倒挂金钩、黄茶瓶、刺梨

所属类别：蔷薇科植物

分布区域：主产于广东、湖南、浙江、江西等地

采摘季节：10～11月果实成熟变红时

采食部位：果实

【食用方法】

金樱子常见的吃法主要是鲜食和泡水。

新鲜的金樱子成熟后，可以当做水果食用，酸甜可口，富含大量糖分、维生素、矿物质，营养非常丰富。

金樱子晒干后泡水喝也不错，将几颗金樱子放入杯子中，加入沸水冲泡，泡好以后代茶饮用，每天可以多次饮用。

此外，金樱子还可以和杜仲一起煲猪尾食用，将三种食材洗净后，放入砂锅加清水，煲汤食用。

【食用功效】

金樱子性味酸、甘、涩、平，具有固精缩尿，固崩止带、涩肠止泻之功效。可用于治疗肾阳亏虚、夜尿频多、畏寒怕冷、小孩腹泻、子宫脱垂等病症。

治梦遗，精不固：金樱子十斤，剖开去子毛，于木臼内杵碎。水二升，煎成膏子服。（《明医指掌》）

治男子下消、滑精，女子白带：金樱子去毛、核一两。水煎服，或和猪膀胱，或和冰糖炖服。（《闽东本草》）

治小便频数，多尿小便不禁：金樱子（去净外刺和内瓤）和猪小肚一个。水煮服。（《泉州本草》）

治久虚泄泻下痢：金樱子（去外刺和内瓤）一两，党参三钱。水煎服。（《泉州本草》）

【美食配料】

鲫鱼500克，猪扒肉200克，金樱子80克，红枣适量。

【野菜美味】

先将金樱子、红枣浸泡；鲫鱼用厨房纸擦干水，锅中倒油，油热后放入鲫鱼小火煎，两面煎得金黄后，将多余的油倒出来，加开水，煮沸后，放入猪扒肉，煲2个小时后，关加盐调味，即可食用。

苦苣菜

【苦苣菜档案】

学名：*Sonchus oleraceus*

别名：苦菜、小鹅菜、野苣、褊苣、兔仔菜

所属类别：菊科植物

分布区域：全国大部分地区

采摘季节：春、夏季

采食部位：嫩苗

【食用方法】

苦苣菜可以鲜吃、晒成干菜，还可以腌制咸菜。

鲜吃苦苣菜，将采摘的鲜嫩苦苣菜清洗干净，在开水中焯一下，再放入清水中浸泡，去掉苦味，就可以用来蘸酱、凉拌、炒着吃或者做馅了。

晒成干菜，可以到了冬季再来食用，将采摘来的苦苣菜清洗，在开水里面焯一下，再用清水冲洗干净，在太阳下晒干或烘干进行保存。等到以后想食用时，提前用热水泡开，可以炒着吃或者炖肉食用。

苦苣菜也适合用来腌制咸菜，将新鲜采摘的苦苣菜清洗干净，沥干水分，然后将苦苣菜放于缸内，放一层苦苣菜，放一层盐，密封保存，10天以后就可以食用了。

【食用功效】

苦苣菜味苦，寒，具有清热、泻火、降三高、活血化瘀、凉血、解毒之功效。

治妇人乳结红肿疼痛：苦苣菜捣汁水煎，点水酒服。（《滇南本草》）

治壶蜂叮螫：苦苣菜涂之。（《摘元方》）

【美食配料】

豆腐100克，皮蛋1颗，苦苣菜30克。

【野菜美味】

豆腐入加盐开水中煮上3分钟，将煮好的豆腐切成薄片，码放在苦苣菜上，皮蛋切成4瓣，将切好的皮蛋码放在豆腐上，倒上醋汁，淋上几滴香油，加上辣椒油，即可食用。

苦荬菜

【苦荬菜档案】

学名：Ixeris polycephala

别名：盘儿草、鸭舌草、牛舌草、苦丁菜、败酱草、苣荬菜

所属类别：菊科植物

分布区域：主要分布于江苏、浙江、江西、湖北、广东、四川、云南等地

采摘季节：春季

采食部位：带根全草可食

【食用方法】

苦荬菜的吃法有很多，最常见的吃法就是将苦荬菜洗净，加盐及其他调味品凉拌或直接蘸酱食用，虽然生食略带苦味，但很爽脆，同时营养成分能够大部分被保存。

如果不喜欢苦味，可先用沸水焯一下，在凉水中浸泡半个小时，再凉拌或炒食，炒菜时可清炒或搭配虾仁、鸡蛋等。

另外，还可以做苦荬菜鸡蛋汤，苦荬菜与鸡蛋搭配，具有清热解毒、滋阴润燥等功效。

【食用功效】

苦荬菜味苦；性寒，具有清热解毒、治咽喉肿痛、治乳痈、治淋症、消肿止痛的功效。

治乳痈（乳房红肿痛）：先在大椎旁开二寸处，用三棱针挑出血，用火罐拨后，再以苦荬菜、蒲公英、紫花地丁，共捣烂，敷患处。（《陕西中草药》）

治血淋尿血：苦荬菜一把。酒、水各半，煎服。（《针灸资生经》）

【美食配料】

苦荬菜150克。

【野菜美味】

摘去苦荬菜的老叶，清洗干净，用淡盐水浸泡20分钟，放入开水中焯一下，捞出浸凉，挤干水分，切碎，大蒜剁碎，取一勺豆瓣酱备用，锅中放油，豆瓣酱炒香，加生抽，起锅前淋点香醋浇在苦荬菜，拌匀即可。

芦 蒿

【芦蒿档案】

学名：*Artemisia selengensis*

别名：蒌蒿、水蒿、柳叶蒿、藜蒿、香艾

所属类别：菊科植物

分布区域：东北、华北、华东、华中等地。

采摘季节：春季

采食部位：嫩茎秆、嫩叶

【食用方法】

芦蒿有一种自然的香气，口感脆嫩，吃法有很多，嫩茎叶可以凉拌，也可以炒食，其根状茎还可以腌渍。

芦蒿与香干是完美搭配，芦蒿炒香干方法简单，味道又不错，深受人们喜爱。

【食用功效】

芦蒿味苦；辛；性温，具有止血、消炎、镇咳、化痰之功效。

治食欲缺乏：取芦蒿全草5~10克煎汤，服用。

【美食配料】

芦蒿250克，香干两块。

【野菜美味】

香干切丝，芦蒿去叶，留下老梗，将老梗切成段；锅内热油，油六成热时，先下香干翻炒，再倒入芦蒿，炒至芦蒿呈翠绿色时，加入盐、鸡精调味，炒匀即可。

辣椒叶

【辣椒叶档案】

学名：*Capsicum annuum*
别名：辣椒叶子
所属类别：茄科植物
分布区域：我国大部分地区
采摘季节：春、夏季节
采食部位：嫩叶

【食用方法】

辣椒叶味甘甜鲜嫩，口感很好，辣椒叶可以单独做菜，也可以搭配肉类炒食，或者做汤，炒食时要多放一些油，来消除涩涩的口感，或者在盐水中焯一下，再凉拌食用。

【食用功效】

辣椒叶味苦；性温，具有消肿涤络、杀虫止痒的功效。

治疟疾：辣椒嫩叶捣烂，于疟疾发作前2小时外敷双侧列缺、涌泉穴。（《福建药物志》）

治水肿、顽癣、疥疮、冻疮、痈肿：取适量新鲜辣椒叶，捣烂，敷于患处。（《中华本草》）

【美食配料】

豆腐200克，辣椒叶250克。

【野菜美味】

将辣椒叶择洗干净，豆腐清洗干净，均沥干水分待用；葱切末，姜切片待用；锅中放入少量油，油热后，放入姜片、葱末，再加入适量清水、豆腐，一起煮开；煮开后，放入辣椒叶，再次煮开后，加盐调味即可。

罗 勒

【罗勒档案】

学名：*Ocinium basilicum*

别名：翳子草、九层塔、零陵香、香草、香佩兰、鸭香、省头草、矮糠

所属类别：唇形科植物

分布区域：云南、四川、广东、广西、江苏、浙江、福建、安徽、湖北、江西等地

采摘季节：夏秋季节

采食部位：嫩茎叶、干叶

【食用方法】

罗勒食用非常广泛，民间有些地方用来治疗风寒感冒，它可作为香料、饮品、蔬菜，通常在做肉、鱼、海鲜等不同口味的菜肴时，加入新鲜罗勒叶，可去膻味、腥味，并散发独特的清香味。

罗勒新鲜的叶子和干叶可以用料调味，嫩茎叶可以用来做凉菜，也可炒食、做汤。在国外烹调鸡、鸭、鱼、肉等菜肴时，罗勒粉都是必不可少的调味料。

【食用功效】

罗勒性味辛，温，具有疏风行气、化湿消食、活血、解毒等功效。可用于治疗感冒风寒、头痛鼻塞、胸闷、食鱼蟹中毒等病症。

治咳噫：生姜四两（捣烂），入罗勒叶二两，椒末一钱匕，盐和面四两，裹作烧饼，煨熟，空心吃。（《外台》）

用于进食鱼蟹引起的腹痛吐泻：单用或配生姜、白芷煎服。

【美食配料】

罗勒10克，长茄子3根，猪肉馅200克。

【野菜美味】

茄子切滚刀块，锅中倒入油，茄子先煸炒焖软，盛出备用；锅中再放些油，再下肉末翻炒，放入鱼露、生抽、柠檬汁、糖，把肉末炒香后放入罗勒、茄子，翻炒均匀，加入盐、味精，即可。

萝藦

【罗藦档案】

学名：*Metaplexis japonica*

别名：羊角菜、白环藤、奶浆藤、奶浆草、天浆壳、婆婆针线包、青小布

所属类别：萝藦科植物

分布区域：分布于东北、华北、华东及陕西、甘肃、河南、湖北、湖南、贵州等地

采摘季节：秋季

采食部位：果实

【食用方法】

鲜嫩的萝藦果实可以直接生吃或做菜，香甜可口，非常美味。

已经成熟的萝藦果就像平时吃坚果一样，去掉外壳以后吃里面的果仁，也可以把它炒制以后再吃，萝藦果仁口感会变得香脆，非常好吃。

【食用功效】

全珠可药用，果可治劳伤虚弱、腰腿疼痛，根可治体质虚弱、阳痿、乳汁不足，果壳可以补虚治阳、止咳化痰，治百日咳、阳痿遗精。

治阳痿：萝藦根、淫羊藿根、仙茅根各三钱。水煎服，每日一剂。（《江西草药》）

下乳：奶浆藤三至五钱，水煎服；炖肉服可用1~2两。（《民间常用草药汇编》）

治白癜风：萝藦草，煮以拭之。（《广济方》）

【美食配料】

萝藦果3颗，小鸡1只（约300克）。

【野菜美味】

将小鸡宰杀，去毛去内脏，清洗干净，将生姜、大葱、萝藦果放入鸡肚子中，将鸡放入瓦罐中，并倒入适量水，大火煮至沸腾，再调为小火煲1个小时，加入调料，即可食用。

柳树芽

【柳树芽档案】

学名：*Salix babylonica*
别名：杨柳芽、柳芽
所属类别：杨柳科植物
分布区域：长江及黄河流域，其他各地均有栽培
采摘季节：春季
采食部位：嫩芽

【食用方法】

柳树芽在食用前，先用开水焯一下，用冷水冲凉后，还需浸泡24小时，并在浸泡的过程中换水2次，然后才可以用来炒食或者凉拌，味道微微有些苦，清新爽口。

此外，柳树芽还可以泡茶，将刚萌出的嫩芽晒干，然后与茶叶一起用开水冲泡。

【食用功效】

柳树芽性味苦、性寒，具有清热透疹、利尿解毒、平肝、止痛的功效。

治小便白浊：清明柳叶煎汤代茶，以愈为度。（《濒湖集简方》）

治眉毛痒落：垂柳叶，阴干，捣罗为末，每以生姜汁，于生铁器中调。夜间涂之，渐以手摩令热为妙。（《圣惠方》）

【美食配料】

柳树芽300克。

【野菜美味】

柳树芽择洗干净，锅中烧开水，将柳树芽倒入，汆烫变色后捞出，用冷水冲洗后，挤出水分，蒜捣成泥，将蒜泥装入碗中，放入生抽、醋、蚝油拌匀调成汁，将柳树芽倒入盘中，将调成的汁淋在柳树芽上，拌匀，即可享用。

芦苇

【芦苇档案】

学名：*Phragmites australis*
别名：苇、芦、芦笋、蒹葭
所属类别：禾本科植物
分布区域：全国大部分地区都有分布
采摘季节：全年均可
采食部位：根部

【食用方法】

芦苇的根部可以食用，主要的食用方法有做汤、做饮品，或者熬粥。芦苇的嫩芽可以食用，它可以清炒或用肉丝炒，味道鲜美。

熬粥时，新鲜芦根与青皮、粳米、生姜搭配，将新芦根洗净，切段，与青皮一起放入锅内，加入适量冷水，浸泡半个小时，武火煮沸，改文火煮20分钟，滤渣，加入洗净的粳米，煮至粳米开花，粥变得浓稠，放入生姜，即可。

做汤时，芦根可搭配绿豆，取适量芦根、绿豆，加水煮开，加适量冰糖，去芦根绿豆喝汤。

做饮品时，芦根可搭配鲜萝卜、葱白、青橄榄，煮汤，代茶饮。

【食用功效】

芦苇的根部可以入药，称为芦根、苇根，芦根性味甘，寒，具有清热生津，除烦、止呕、利尿之功效。

治骨蒸肺痿，烦躁不能食：芦根（切讫秤）、麦门冬（去心）、地骨白皮各十两，生姜十两（合皮切），橘皮、茯苓各五两。上六味，切，以水二斗，煮取八升，绞去滓，分温五服，服别相去八、九里，昼三服，夜二服，覆取汗。忌酢物。（《玄感传尸方》）

【美食配料】

甘蔗150克，芦根80克，荸荠100克，冰糖50克。

【野菜美味】

将以上食材洗净，甘蔗、芦根切段，荸荠切块；将芦根、甘蔗放入锅中，并倒入高于食材2倍的水，煮开后小火煮10分钟，放入荸荠，小火煮30分钟，放入冰糖，待冰糖融化后即可饮用。

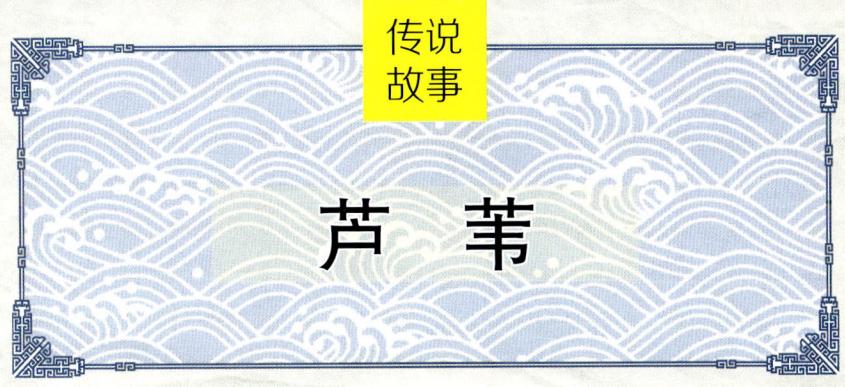

传说故事

芦 苇

  相传江南的一个山区里有一个开药铺的老板,因为方圆百里只有这么一家药铺,老板就成了当地的一霸,将药高价卖给生病的人,原本5钱的羚羊角卖到了10两银子,害得百姓们生了病只能忍着,没钱买药治病。

  一天,一个穷人家的孩子因为发烧买不起退烧的羚羊角,父母急得大哭。这时候,门外来了一个讨饭的叫花子,听说这家人的孩子发高烧又买不起药,就对孩子的父母说:"退烧药不只有羚羊角,你可以到塘边挖一些芦苇根,煎好后给孩子灌下。"

  穷人听从了叫花子的建议,挖来鲜芦苇根,煎好后给孩子喝下,孩子果然退烧了。从此以后,村子里的人都知道芦苇根有解大热的功效,是一味不用花钱就能退烧的草药,家里有人发高烧,都会挖些芦苇根回来煎服,再也没有人去药店买昂贵的羚羊角了。

龙须菜

【龙须菜档案】

学名：*Gracilaria lemaneiformis*
别名：海菜、线菜
所属类别：江蓠科植物
分布区域：我国沿海各地
采摘季节：4~10月
采食部位：嫩茎

【食用方法】

龙须菜因具有浓郁的芳香气味而深受人们喜爱，龙须菜比较娇嫩，清洗时最好用流水冲洗，不宜过多浸泡，以免造成营养流失。

龙须菜做美食之前，要先汆烫，再凉拌、炒食，可以去除涩味，口感也更滑顺。

【食用功效】

龙须菜性微温，味苦、微辛，具有软坚散结、清热解毒、润肺镇咳、祛痰杀虫、利湿助消化的功效。

治肺热咳嗽：龙须菜、紫菀、杏仁各9克，川贝母6克，水煎服。

治疥癣：龙须菜适量，捣烂绞汁，擦患处。

【美食配料】

龙须菜200克，红萝卜10克，红椒1个，蒜、葱适量。

【野菜美味】

龙须菜择洗干净切段，红萝卜去皮切丝，红椒去蒂、籽，切丝，蒜、葱切末；锅上火，倒入适量清水，加少许油、盐、味精、糖，水沸后下龙须菜、红萝卜丝、红椒丝焯熟，捞出放入冷水中泡2分钟，再捞出沥干水分；将以上食材盛入碗中，调入盐、味精、蒜蓉、葱末、辣椒油、香油拌匀即可。

龙牙草

【龙牙草档案】

学名：*Agrimonia pilosa*
别名：仙鹤草、脱力草、黄龙尾
所属类别：蔷薇科植物
分布区域：全国大部分地区
采摘季节：春季
采食部位：嫩茎叶

【食用方法】

龙牙草主要用来煮粥和煎茶喝。用龙牙草煮粥时，可以搭配三七粉、糯米，先把糯米淘洗干净，加入清水煮成粥，再加入龙牙草和三七粉，一起煮30分钟左右，即可食用，具有养血骨、止血消炎的作用。

平时还可以用龙牙草来煎茶喝，煎茶时可以搭配一些荠菜、茶叶，将三者一起放入锅中，加清水煎，煎好后取出药液代茶饮用，适合月经过多的女性服用。

【食用功效】

龙牙草性味平、苦、涩，具有收敛止血、止痢、杀虫的功效。可用于治疗眩晕症、肿瘤、肾炎、糖尿病，也可用于防治耳鸣耳聋等功效。

治乳痈，初起者消，成脓者溃，且能令脓出不多：龙牙草30克，白酒半壶，煎至半碗，饱后服。（《百草镜》）

治赤白痢及咯血、吐血：龙牙草9～18克。水煎服。（《岭南采药录》）

治尿血：龙牙草、大蓟、木通各9克，茅根30克。水煎服。（《宁夏中草药》）

【美食配料】

薏米100克，赤小豆50克，龙牙草60克，枣（干)50克，白砂糖30克。

【野菜美味】

薏米、红豆用温水浸泡半日，龙牙草用纱布包好，枣去核备用。取龙牙草、枣、红豆、薏米加水共煮成稀粥，加入白糖调味即可。

荔枝草

【荔枝草档案】

学名：Salvia plebeia

别名：蛤蟆草、荠宁、雪见草、癞团草、癞疙宝草、猪婆草

所属类别：唇形科植物

分布区域：山东、河南、江苏、安徽、四川、贵州、浙江、福建、广东、广西等地

采摘季节：夏季

采食部位：嫩茎叶

【食用方法】

蛤蟆草是我们农村常见野菜，它在治疗咽喉肿痛方面具有神奇的功效，很多地方把它当做一种偏方来治疗各种病症。由于荔枝草又苦又涩，很多人都不喜欢食用，但它清热解毒效果很好，能有效治疗咽喉肿痛，所以，大多数会用来代茶饮用。

将荔枝草与清水一起煮，大火烧开之后小火熬煮15分钟，代替茶水饮用，如果实在觉得苦得难以下咽，可以加一些冰糖或蜂蜜。

荔枝草还可以与黄酒共煎煮，煮沸后，去渣温服。

【食用功效】

荔枝草性味苦、辛、凉，具有清热解毒、利尿消肿、凉血止血的功效。可用于治疗咳嗽、咽喉肿痛、腮腺炎、肺炎等。

治咯血、吐血、尿血：鲜荔枝草根五钱至一两，瘦猪肉二两。炖汤服。（江西《中草药学》）

治红肿痈毒：荔枝草同酒酿糟捣烂，敷患处；或晒干研末，同鸡蛋清调敷。（《江西中医药》）

治小儿疳积：荔枝草汁入茶杯内，用不见水鸡软肝一个，将银针钻数孔，浸在汁内，汁浮于肝，放饭锅上薰熟食之。（《医方集听》）

【美食配料】

新鲜荔枝草50克，面粉150克。

【野菜美味】

将新鲜的荔枝草洗净切碎，加入适量的水及面粉搅拌均匀待用；饼铛预热后，将其倒入，煎饼，将两面煎制微黄后，即可。

马齿苋

【马齿苋档案】

学名：*Portulaca oleracea*

别名：马齿菜、马苋菜、猪母菜、马蛇子菜、瓜仁菜、瓜子菜、长命草

所属类别：马齿苋科植物

分布区域：我国大部分地区

采摘季节：夏、秋季

采食部位：嫩茎叶

【食用方法】

我国人民食用马齿苋的历史已久，马齿苋风味独特，采摘嫩茎叶，除去根部，清洗干净后烫软，沥干水分，搬入食盐、酱油、香油等佐料，做凉菜食用，味道鲜美，润滑可口。

马齿苋洗净后，可以搭配蒜蓉清炒食用，也可以与鸡蛋搭配，做成马齿苋炒蛋食用。

马齿苋还可以切碎做成饺子或者包子馅。

我国一些地方的人们，至今还有将马齿苋洗净，烫过，切碎，晒干，贮藏起来，做为冬菜食用的习惯。

【食用功效】

马齿苋性味酸，寒，具有清热解毒，散血消肿、利水消肿、止血等功效。

治瘰疬：马齿苋阴干烧灰，腊月猪膏和之，以暖泔清洗疮，拭干敷之，日三。（《救急方》）

治肛门肿痛：马齿苋叶、三叶酸草等分。煎汤熏洗，一日二次有效。（《濒湖集简方》）

【美食配料】

干马齿苋50克，五花肉300克

【野菜美味】

将干马齿苋提前一天泡软，待用；五花肉切成2指宽的条状，马齿苋切成5厘米长的段，放在碗底，在上面摆上肉块，放入盐、酱油、味精、豆豉、辣椒粉，将其放入蒸锅中蒸40分钟左右即可。

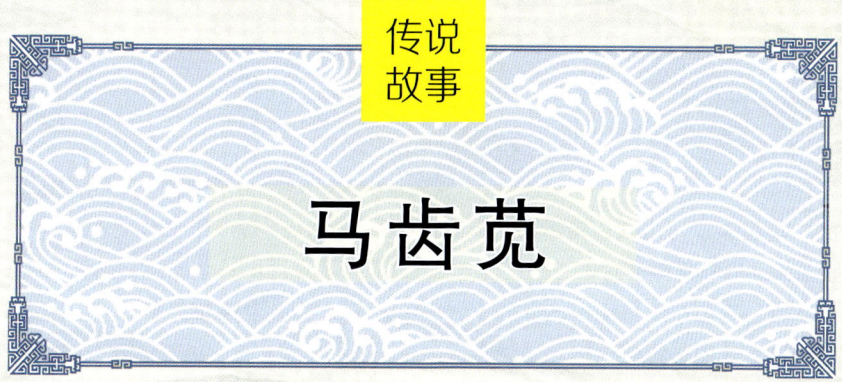

马齿苋

传说故事

相传，在上古时代天上有十个太阳，大地被炙烤地裂开了口子，草木不生，人类也面临着生存的危机。

有一名叫后羿的勇士，擅长射箭，为了拯救人类，他先后射落了九个太阳，剩下的一个太阳因为害怕躲在了马齿苋下，后羿找了很久都没有找到，便作罢。

太阳为了报答马齿苋的救命之恩，就对马齿苋格外关照，使得马齿苋在盛夏不仅不会被太阳晒死，反而会开花结籽，生长旺盛，因此马齿苋又被称为太阳草、报恩草。

马齿苋救太阳一事虽是传说，但马齿苋具有治病保健的作用可是有事实依据的。在《兵部手记》中有这样一段记载：唐代武元衡相国在西川得了胫疮（下肢溃疡），长期不愈，焮热作痒，百医无效。返京后，一官员献一方，即捣烂马齿苋敷上，两三次而痊愈。

马齿苋具有清热利湿、解毒消肿、消炎、止渴、利尿的作用。早在唐代人们就称之为"祛毒王"。相传，有一个妇女脐下生了毒疮，疼痛难忍，并伴有高热。瘙痒难忍时，用手去抓，流出很多脓血。妇女全身水肿，不思饮食，寻遍了附近所有的大夫，也没有得到很好的治疗。

后来，巧遇一个名医，医生得知这个妇女嗜酒如命，又喜欢吃鱼虾，由此判断出生病的缘由。医生先用水洗去了妇女身体上的污物，又取捣烂的马齿苋汁液四两，入青黛一两，外敷毒疮，配合内服中药八五散，一天三次，每隔一个时辰换一次药。三天后，妇女的热痛减轻了，二十天后妇女的身体奇迹般地康复了。

牡丹花

【牡丹花档案】

学名：Paeonia suffruticosa
别名：木芍药、百雨金、洛阳花、富贵花
所属类别：毛茛科植物
分布区域：我国大部分地区
采摘季节：4~5月间
采食部位：花朵

【食用方法】

牡丹花食用方法多种多样，可以烧、炸、煎、做汤、泡茶等，都能成为一道美味。

做汤时，在汤中撒入少许牡丹花瓣，香味迷人，美味可口，有助于提升食欲。

鲜艳的牡丹花，用面粉包裹后，用油炸食用，鲜香美味，用白糖浸渍又可以成为甜丝丝的蜜饯。

牡丹花还可以与肉搭配，烩制成肉汁牡丹，是一道人见人爱的美味佳肴。

牡丹花茶也是人们非常喜欢的一种饮品，取开尽的牡丹花瓣洗净晒干，泡茶的时候，取一克牡丹花瓣搭配2克茶叶，直接加水泡制即可。

此外，牡丹花还可以与玫瑰、月季花一起搭配泡茶，具有美容养颜、补水润肤的作用；与桃花、红巧梅一起搭配具有排毒养颜、调理气血的作用。

【食用功效】

牡丹花入药的部分主要是牡丹干燥根皮，称为丹皮、牡丹皮，其性味辛苦，凉，具有清热、凉血、和血、消瘀的作用。

治妇人骨蒸，经脉不通，渐增瘦弱：牡丹皮一两半，桂（去粗皮）一两，木通（锉、炒）一两，芍药一两半，鳖甲（醋炙，去裙襕）二两，土瓜根一两半，桃仁（汤浸，去皮、尖、双人，炒）。上七味粗捣筛。水一盏半，煎至一盏，去滓，分温二服，空心食后各一。（《圣济总录》）

【美食配料】

鲜牡丹花1朵，鲜鲤鱼肉200克。

【野菜美味】

将鲤鱼片放入碗中，加入料酒、盐、蛋清、湿淀粉搅拌上浆；油锅放入油，烧至五成熟时，将鱼逐片下入油锅滑透，控去余油；油锅底油加热，放入葱、姜、煸炒出香味；倒入鸡汤、料酒、食盐、胡椒面、水淀粉调成稀芡；待汁爆起时，将鱼片、花瓣倒入锅内，滑炒几下，装盘即可。

玫瑰花

【玫瑰花档案】

学名：*Rosa rugosa*

别名：红玫瑰、刺玫花、刺玫菊、徘徊花、笔头花

所属类别：蔷薇科植物

分布区域：主产于江苏、浙江、山东、安徽等地

采摘季节：4~6月

采食部位：花朵

【食用方法】

玫瑰花吃法很多，可以凉拌、煮粥，还可以做玫瑰糖。

玫瑰花拌木耳的味道非常棒，取适量玫瑰花瓣、芹菜及黑木耳，将玫瑰花瓣用淡盐水腌一会儿，取出洗净，将泡好的黑木耳撕成小朵，再将芹菜切成段，以上食材入沸水焯一下，然后捞出降温后，加入调料即可。

玫瑰花煮粥也很好吃，把粳米洗好以后加清水煮制成粥，在粥九分熟时加入玫瑰花瓣和樱桃及冰糖再煮15分钟，即可食用。

玫瑰花还可以制作玫瑰糖，将玫瑰花瓣洗净，吸干水分，把它与白糖放在大碗中，再将花瓣捣碎，等它们变成紫色的糖块即可，将做好的玫瑰糖取出密封保存，随吃随取。

【食用功效】

玫瑰花性温，味甘、微苦，具有理气和血、散瘀、缓解痛经、排毒养颜、疏肝解郁、促进消化、减肥降脂等作用。

治肝郁吐血，月汛不调：玫瑰花蕊三百朵，初开者，去心蒂；新汲水砂铫内煎取浓汁，滤去渣，再煎，白冰糖一斤收膏，早晚开水冲服。瓷瓶密收，切勿泄气。如专调经，可用红糖收膏。（《饲鹤亭集方》）

【美食配料】

汤圆350克，玫瑰花适量。

【野菜美味】

将水煮沸，放凉至摄氏80度左右，加入玫瑰花，泡玫瑰花茶；泡好的玫瑰花茶，倒入锅中；玫瑰花留在壶里，可以继续泡茶；花茶再次煮沸，将汤圆倒入锅中，中火继续煮汤圆，当汤圆浮起，装入碗里，放一点玫瑰花瓣，即可。

玫瑰茄

【玫瑰茄档案】

学名：*Hibiscus sabdariffa*

别名：洛神葵、洛济葵、红金梅、红梅果

所属类别：锦葵科植物

分布区域：福建、台湾、广东、广西、海南和云南南部

采摘季节：秋季

采食部位：花萼连同果实

【食用方法】

玫瑰茄的食用方法很多，可以做成果酱、蜜饯，还可以用来煲糖水、煲汤。

不过，食用方法最多的还是玫瑰茄花茶，玫瑰茄花茶的做法简单，易操作，还有美容减肥，降压、防癌的作用。

【食用功效】

玫瑰茄性味酸；凉，具有敛肺止咳、降血压、解酒的功效。

治肺虚咳嗽、高血压、醉酒：玫瑰茄9~15克，煎汤服用，或者用开水泡，饮用。

【美食配料】

玫瑰茄10克，冰糖或蜂蜜适量。

【野菜美味】

将玫瑰茄放进锅里，加水，中火烹煮；待花茶煮沸，沸腾3分钟，关火，再让玫瑰茄在锅中焖5分钟，滤掉茶渣，将玫瑰茄茶水倒入杯子中，加入冰糖或蜂蜜搅拌，即可饮用。

墨旱莲草

【墨旱莲草档案】

学名：*Eclipta prostrata*

别名：墨斗草、野向日葵、墨菜、黑墨草、旱莲草、水旱莲、莲子草、乌心草

所属类别：菊科植物

分布区域：分布于全国各地，主产江苏、江西、浙江、广东等地

采摘季节：夏、秋季

采食部位：嫩茎叶

【食用方法】

新嫩的墨旱莲草茎叶可以用来做馅包饺子，做包子，味道鲜美，也可以在煮粥的时候放一些，能补充维生素，起到很好的滋养作用。比如，用墨旱莲草、生地各15克，搭配粳米煮粥食用。

另外，用墨旱莲草与大枣搭配，做成旱莲草大枣汤，具有滋补肝肾、养血止血的功效，还可以与女贞子、蜂蜜搭配，做成女贞子旱莲草蜂蜜饮，也是夏季不错的饮品，具有滋阴降火的作用。

【食用功效】

墨旱叶草性味甘、酸，寒，具有滋补肝肾、乌须固齿、凉血止血之功效。可用于治疗固齿、须发早白、腰膝酸软、外伤出血等。

固齿：七月取旱莲草（连根）一斤，用无灰酒洗净。用青盐四两，食盐一两腌三宿，晒干。将无油锅内炒存性，把原汁渐倾入炒干为末，擦牙咽下亦妙。（《慈幼心书》）

【美食配料】

墨旱莲草叶子10张，瘦猪肉100克，枸杞子5粒。

【野菜美味】

瘦猪肉剁成泥，放到碗底，捏成肉饼的形状，倒入半碗水，加适量盐，将墨旱莲草叶、枸杞子、姜片放入碗中，放适量食用油，放入锅中蒸熟，即成。

木槿花

【木槿花档案】

学名：*Hibiscus syriacus*

别名：朝开暮落花、鸡肉花、猪油花、篱障花、清明篱、白饭花

所属类别：锦葵科植物

分布区域：华东、中南、西南及河北、陕西、台湾等地

采摘季节：夏、秋季花开时

采食部位：花朵

【食用方法】

木槿花的吃法有煮粥、炒食、油炸、做饮品等。

煮粥时，先将大米加水煮成粥，再将洗净的数朵木槿花花瓣和适量白糖一同放入粥中煮片刻即可。

木槿花可以炒肉丝，可以炒豆腐，待菜将熟时，放入撕碎的木槿花瓣，翻炒几下即可。

油炸木槿花是比较新鲜的吃法，将木槿花洗净后在开水中焯一下，过凉水，控干水分，将鸡蛋、面粉、糖、加水调成糊状，再把花瓣放入糊糊中，用油炸后装盘，撒上花椒盐即可。

夏季做木槿花蜜饮非常适合，将木槿花去杂洗净，放锅内，加适量水煮15分钟，再加入新鲜的蜂蜜，煮到再次沸腾即可。

【食用功效】

木槿花性凉，味甘、苦，具有清热利湿，凉血解毒的作用。

治吐血、下血、赤白痢疾：木槿花9～13朵。酌加开水和冰糖炖半小时，饭前服，每日服2次。（《福建民间草药》）

治痔疮出血：木槿花、槐花炭各15克，地榆炭9克。煎服。（《安徽中草药》）

治反胃：千叶白槿花，阴干为末，陈米汤调送三五口；不转，再将米饮调服。（《袖珍方》槿花散）

【美食配料】

鲜木槿花100克，猪肉150克，菊花、姜末适量。

【野菜美味】

木槿花洗净；猪肉洗净切块，锅内加猪肉与适量水，烧沸后，加入料酒、盐、酱油、葱、姜，改为小火炖至猪肉熟透，加入木槿花炖至入味，即可。

马 兰

【马兰档案】

学名：*Kalimeris indica*

别名：泥鳅串、鱼鳅串、鸡儿肠、田边菊、路边菊、脾草、蓑衣草

所属类别：菊科植物

分布区域：全国各地均可见，以长江流域分布较广，江浙一带较为多见

采摘季节：夏、秋采收

采食部位：嫩茎叶

【食用方法】

马兰食用前要先入沸水中焯去涩味，捞起沥干水分，切碎，马兰的吃法非常多，可凉拌、炒食、熬粥，或晒成干菜后与五花肉一起烧制。

用马兰制作的炒菜有马兰炒笋丝、马兰炒肉丝等，注意炒的时候不要炒得太久，翻炒一下即可。

凉拌是马兰最简单、最常见得吃法，比较好吃的是香干马兰，让香干吸附马兰的清香，再加上麻油和辣椒粉，风味独特，沁人心脾。

【食用功效】

马兰味甘、平、微寒，具有凉血止血，清热利湿，解毒消肿之功效。

马兰头具有清凉败毒的作用，脸上容易长痘痘的不妨吃点。

治传染性肝炎：马兰鲜全草一两，酢浆草、地耳草、兖州卷柏各鲜全草五钱至一两。水煎服。（《福建中草药》）

治急性咽喉炎、扁桃体炎、上感发热、急性眼结膜炎、口腔炎：鲜金草2～4两，用水煎服。

【美食配料】

马兰200克，鲜笋150克。

【野菜美味】

马兰洗净，焯水变色后捞起，投入冷水拔凉，攥干水分，切几刀备用；笋切丝，焯水后捞起冲凉；炒锅热油，放入笋丝，翻炒片刻，放入盐、糖、料酒稍炒，倒入马兰炒匀，调入鸡精，即成。

麦蓝菜

【麦蓝菜档案】

学名：*Vaccaria segetalis*

别名：奶米、麦篮子、剪金子、留行子、王不留、王不留行

所属类别：石竹科植物

分布区域：主产于河北、黑龙江、山东等地

采摘季节：六七月种子成熟时

采食部位：种子

【食用方法】

食用麦蓝菜时，主要用来煲汤，与黄芩、党参等一样，具有滋补的作用。

比如，将麦蓝菜与山药、猪蹄、红枣、米酒一起煲汤，具有丰胸、美容养颜、保护乳房的作用，非常适合女性食用。

【食用功效】

麦蓝菜的种子（中药中称为王不留行）性味苦，平，具有活血通经、下乳消肿的功效。

治头风白屑：王不留行、香白芷等分为末。干掺一夜，篦去。（《圣惠方》）

治乳痈初起：王不留行一两，蒲公英、瓜蒌仁各五钱，当归梢三钱。酒煎服。（《本草汇言》）

治血淋不止：王不留行一两，当归身、川续断、白芍药、丹参各二钱。分作二剂，水煎服。（《东轩产科方》）

【美食配料】

麦蓝菜10克，黄芪50克，猪肝500克。

【野菜美味】

猪肝去筋后洗净切片，加入料酒、盐拌匀；起油锅，油烧至五成热时，放入猪肝煸炒3分钟，沥干油；麦蓝菜与黄芪装入纱布袋，扎紧袋口，然后置入另一锅中，加水煎煮20分钟，倒入煸炒过的猪肝，用小火炖20分钟，加入盐、葱花、味精即可。

传说故事

麦蓝菜

　　北方流传着这样一段歌谣："穿山甲，王不留，大闺女喝了顺怀流。"意思是说，王不留行具有通乳的功效，什么是王不留行呢？这个奇怪的名字又是怎么得来的呢？

　　王不留行是一种草的种子，相传王不留行最早是被药王邳彤发现的，证实它具有舒筋活血、通乳止痛的作用。王不留行名字的由来与王朗有关。

　　王朗率兵追杀刘秀，来到邳彤的家乡时已经是黄昏时分，他命令老百姓给官兵们送饭送菜，并腾出房屋给他们住。老百姓恨透了王朗，知道他才是祸乱天下的奸贼，根本不会听从王朗的命令。

　　天黑了，王朗久久不见百姓给他们送来食物，便带着官兵进村去催要，奇怪的是，他们走遍了整个村子，却没有见到一个百姓、一缕炊烟，王朗勃然大怒，扬言要将整个村庄踏平，将百姓全部杀掉。

　　一参军听后，便对王朗说："此地青纱帐起，树草丛生，庄稼人藏在暗处，我们哪里能寻得？即使踏平了村庄，也解决不了官兵的饥饿问题，不如赶紧离开此地，另作安顿，也好保存实力，继续追杀刘秀。"王朗觉得参军说得有道理，便带着官兵们离开了村庄。

　　邳彤就是根据这段历史，给这个草药起了个"王不留行"的怪名字，意思是说，这个村子不留王莽、王朗食宿。

牛蒡

【牛蒡档案】

学名：*Arctium lappa*
别名：恶实、荔实、大力子、东洋参
所属类别：菊科植物
分布区域：主产河北、吉林、辽宁、浙江、黑龙江等地
采摘季节：8～9月果实成熟时
食用部位：果实

【食用方法】

牛蒡是一种以肥大肉质根供食用的蔬菜，嫩叶也可以食用。

牛蒡的肉质根细嫩香脆，食用方法有很多，可炒、可煮，还可以加工成饮料。

牛蒡的嫩茎叶在烹饪前，应先在沸水中焯熟，再用水浸泡一会儿，除去异味，即可凉拌、炒食或者做汤食用。

【食用功效】

牛蒡性味辛、苦，寒。具有疏散风热、宣肺利咽、解毒透疹、消肿疗疮的功效。

治风热闭塞咽喉，遍身水肿：牛蒡子一合，半生半熟，杵为末。热酒调下3克。（《经验方》）

治痦疹不起透：牛蒡子（研细)15克。桴柳煎汤，调下立透。（《本草汇言》）

治皮肤风热，遍身隐疹：牛蒡子、浮萍等分。以薄荷汤调下6克，日二服。（《养生必用方》）

治风肿斑毒作痒：牛蒡子、玄参、僵蚕、薄荷各15克。为末，每服9克，白汤调下。（《方脉正宗》）

治斑疹时毒及痄腮肿痛：牛蒡子、柴胡、连翘、川贝母、荆芥各6克。水煎服。（《本草汇言》）

【美食配料】

羊腿肉150克、牛蒡、胡萝卜各1根。

【野菜美味】

将羊肉洗净切块，羊肉凉水入锅，煮出血水撇去浮沫；胡萝卜切块，牛蒡去皮切段，泡在清水中备用；砂锅中烧热水，加入葱姜、红枣，放入羊肉、牛蒡、胡萝卜，大火煮开，关小火慢炖30分钟。出锅时加入盐和胡椒粉调味，即可食用。

南瓜花

【南瓜花档案】

学名：*Cucurbita moschata*

别名：倭瓜花、饭瓜花、北瓜花、金冬瓜花

所属类别：葫芦科植物

分布区域：全国各地均产

采摘季节：6～7月开花时采集

采食部位：花朵

【食用方法】

南瓜花是农村人用来治疗贫血的保健品，它对头痛、中风有一定的保健作用，特别对保护血管和心脏效果良好。

用南瓜花做菜，需要提前处理南瓜花，将南瓜花沿着花托撕下花朵部分，将花托与花蕊一起去掉，因为南瓜花的花蕊有苦味。

然后将撕下来的花朵部分放在淡盐水里浸泡10分钟，起到杀菌消毒的作用，将南瓜花沥干水分，即可做菜了。

经过处理的南瓜花清甜鲜美，可以用来煮汤、清炒、做南瓜花面糊等。

【食用功效】

南瓜花性凉，有润肺益气、清利湿热、消肿散淤的功效。

治咳嗽痰多：南瓜花5朵，洗净，沥干，放入杯中，用沸水冲泡，加冰糖1小勺溶化搅匀饮用。

治咳嗽、音哑：南瓜花15克，水煎服。

治黄疸：南瓜花25克，水煎口服。

【美食配料】

虾米200克，鲜香菇50克，南瓜花10朵。

【野菜美味】

南瓜花洗净，沥干水；香菇洗净，去蒂、切粒，与虾米、葱花、精盐拌匀，酿入南瓜花内，蒸熟待用；炒锅内放入香油、鲜汤、盐、姜葱汁，烧沸，下水豆粉勾芡后，再下蒸熟的酿南瓜花烩1分钟，即可。

南苜蓿

【南苜蓿档案】

学名：*Medicago polymorpha*
别名：金花菜、母齐头、蓿草
所属类别：豆科植物
分布区域：全国各地均有
采摘季节：早春时节
采食部位：幼芽、嫩茎

【食用方法】

南苜蓿芽的吃法很多，可以单炒，可以做汤，还可以与其他蔬菜搭配一起吃，最简单的吃法就是凉拌，凉拌的南苜蓿芽清脆又好吃。

将南苜蓿放入沸水中焯一下，捞出放入冷水中过凉后，控干水分，加入盐、醋、油泼辣子、香油，拌匀，即可食用。

【食用功效】

南苜蓿性味苦，平，具有清胃热、清湿热、利尿、消肿等作用。

治膀胱结石：鲜南苜蓿三至五两，捣汁服。（苏医《中草药手册》）

治水肿：南苜蓿叶五钱（研末），豆腐一块，猪油三两。炖熟一次服下，连续服用。（《吉林中草药》）

【美食配料】

毛豆100克，南苜蓿40克，柿子椒1个，豆腐干2块。

【野菜美味】

南苜蓿洗净后，切成碎末，柿子椒、豆腐干切成小丁；锅烧热，倒入食用油，放入毛豆与青椒丁，稍微翻炒下，放少许盐；放入南苜蓿，炒匀，加少许白糖；放入豆干，渍入一点水，翻炒几下即可。

牛 膝

【牛膝档案】

学名：*Achyranthes bidentata*

别名：怀牛膝、牛髁膝、山苋菜、对节草、红牛膝、杜牛膝、土牛膝

所属类别：苋科植物

分布区域：山西、山东、河南、江苏、浙江、江西、湖南、湖北、四川、云南、贵州等地

采摘季节：秋、冬季节

采食部位：根部

【食用方法】

食用牛膝要选择根长、肉肥、皮细、黄白色者为佳，牛膝可以用来泡酒，牛膝、巴戟天各50克，将它们一起泡到高度白酒中，10天后就可以取出来饮用了，具有强壮筋骨、活血散瘀的作用。

牛膝还可以煮粥，把粳米与牛膝洗净后，放入锅中，加入适量清水，大火烧开，再用中小火慢慢熬30分钟，然后加入红糖调味，再煮10分钟即可食用，具有滋补肝肾的作用。

【食用功效】

牛膝味苦、酸，平。具有补肝肾、强筋骨、通经、引火（血）下行之功效。可治腰膝酸痛、足膝萎软无力。

治冷痹脚膝疼痛无力：牛膝（酒浸，切焙)30克，桂皮（去粗皮)15克，山茱萸30克。上三味，捣罗为散。每服空心温酒下6克，日再服。（《圣济总录》）

治口及舌上生疮烂：牛膝（去苗)30克，上细锉，以水一中盏，酒半盏，同煎至七分。去滓，放温时时呷服。（《圣惠方》）

【美食配料】

丝瓜300克，牛膝20克，瘦猪肉50克，鸡蛋2个。

【野菜美味】

牛膝去杂质，润透后切成段；丝瓜洗净后去皮，切片；猪肉洗净，切片；磕入鸡蛋清在碗中，放入淀粉、酱油、料酒抓匀；姜切成丝，葱切成段；将炒锅置武火上烧热，倒油，烧至六成热时，下入姜丝、葱段爆香；再加入清水，置武火上烧沸，放入丝瓜、肉片、牛膝煮熟，加入盐、鸡精即成。

蒲公英

【蒲公英档案】

学名：*Taraxacum mongolicum*

别名：黄花地丁、婆婆丁、蒲公草、地丁、蒲公丁、金簪草、狗乳草

所属类别：菊科植物

分布区域：全国大部分地区

采摘季节：春至秋季

采食部位：嫩苗

【食用方法】

蒲公英的吃法非常多，不管是新鲜的蒲公英，还是干的蒲公英都可以食用。

干的蒲公英，泡水喝最方便，取适量干蒲公英，用沸水冲泡，清热解毒。

新鲜的蒲公英，将茎叶洗净，沥干水分，蘸酱吃，味道鲜美爽口，略有苦味。

凉拌蒲公英味道也不错，将蒲公英嫩苗用沸水焯一下，用冷水冷却，沥干水分，配上辣椒油、盐、香油、蒜泥等，拌成小菜，很开胃。

用蒲公英搭配粳米熬粥，清热解毒，消肿散结，很适合夏季食用。

还可以用蒲公英做馅，水焯后，挤出水分，剁碎，加上佐料调成馅，包饺子、蒸包子，较为鲜美。

【食用功效】

蒲公英味苦、甘，寒，具有清热解毒、消肿散结、利尿通淋的作用。可用于治疗上呼吸道感染、眼结膜炎、急性支气管炎、急性扁桃体炎、尿路感染等症状。

治急性结膜炎：蒲公英30克，菊花9克，薄荷6克（后下），车前子12克（布包）。煎服。（《安徽中草药》）

治急性胆道感染：蒲公英、刺针草各30克，海金沙、连钱草各15克，郁金12克，川楝子6克。水煎两次，浓缩至150毫升。每服50毫升，每日3次。（《全国中草药汇编》）

【美食配料】

蒲公英500克，猪肉500克，鸡蛋2个，馄饨皮子1000克。

【野菜美味】

蒲公英洗净，用开水焯一下，挤去水分，切碎待用；猪肉放入炒锅，磕入2个鸡蛋，放入姜末、葱花、料酒、盐、糖、老抽、芝麻油往一个方向搅拌上劲，再放入蒲公英，倒入植物油，搅拌均匀。取一张馄饨皮子，放入适量馅，包成馄饨，锅中放水煮开，放入馄饨煮熟，即可食用。

传说故事

蒲公英

关于蒲公英的由来，有一个美丽的传说。相传一个富家小姐染上了一种怪病——乳房红肿、疼痛难忍，因为羞愧不敢求医，又害怕遭到父母的责备，痛不欲生，无奈之下选择了投河自尽。

幸运的是，这位富家小姐被河中捕鱼的一对父女搭救，渔家女名为蒲公英，得知了富家小姐投河自尽的原因后，拿出一种草药，敷在小姐的乳房上，几天后，富家小姐竟然奇迹般地康复了，她将草药带回了家中，种在花圃里，并给这种草药取名蒲公英，以表达对渔家女救命之恩感念。

富家女能够在敷用蒲公英后奇迹般地康复，是因为蒲公英性清凉，可以治疗痈、疡、肿热毒症，外敷、内服均有效，人称广谱抗菌（生）素。孙思邈在《千金方》中也提到自己因不慎左手指背触及庭木而"痛而不忍"，十日后剧之，且"色如熟小豆色"，后用蒲公英外敷、内服而愈。

其实，蒲公英不仅是一种中草药，具有治病的功效，还是一种不可多得的保健佳蔬，蒲公英尚未抽葶开花时十分鲜嫩，最适合食用，拌、炒均可，也可煮粥服食。

食用蒲公英的习俗自古有之，元代萨图穆苏《瑞竹堂经验方》中有这样一段记载：昔日越王曾遇一异人得一方，名"还少丹"。此方极能固牙强骨，生肾水。凡年八十者，服之须发返黑，齿更生。少年服之，老而不衰。得遇者宿有仙缘，当珍之，不可轻泄。具体制法：蒲公英一斤，全草采收，阴干。盐一两，香附子五钱，二味为末入蒲公英内淹一宿，分为20团，用皮纸三四层裹扎定，用蚯蚓粪（六一泥）固济入灶内焙干，武火煅通为度。冷定取出，去泥为末，早晚擦牙漱口，吐咽任便，久久方效。古代用此法保健。

时至今日，蒲公英依然是大众餐桌上的常见菜，凉拌蒲公英、蒲公英炒鸡蛋、蒲公英馅水饺，深受人们的喜爱。美国、英国、日本等国家还会将蒲公英加工成咖啡、蒲公英粉食用，可见其药用价值、食用价值、营养价值之高，是名副其实的"草药皇后"。

泡桐花

【泡桐花档案】

学名：*Paulownia tomentosa*

别名：空桐木、水桐、桐木树、紫花泡桐、大果泡桐、紫花树毛

所属类别：玄参科植物

分布区域：长江以南各省，陕西、山东、河南等

采摘季节：春季花开时

采食部位：花朵

【食用方法】

泡桐花的吃法有很多，凉拌、熬粥、蒸食等。

将泡桐花洗净，焯水去掉苦味，浸泡10分钟，加入蒜泥、葱末、香菜、精盐、麻油等调料，即可食用。

经过焯水的泡桐花还可以做粥食用，起锅烧水，下白面，下泡桐花，开锅即可食用。

将泡桐花淘洗干净，沥干水分，倒入色拉油拌匀，再加入面粉，搅拌均匀，锅置火上加水烧开，铺上笼布，倒入拌好的桐花，大火蒸20分钟，出锅后加上调料即可。

【食用功效】

泡桐花味苦、性寒，具有清肺利咽、解毒消肿、疏风散热、清肝明目的功效。

治腮腺炎（痄腮）：泡桐花八钱。水煎，白糖一两冲服。（《河南中草药手册》）

治玻璃体混浊（飞蚊症）：泡桐树花、玄明粉、羌活及酸枣仁各等量。共研细末。每次6克，每日3次，包煎服。

【美食配料】

泡桐花50克，鸡蛋1个，玉米淀粉、面粉适量。

【野菜美味】

泡桐花洗净，用淡盐水浸泡30分钟，捞出泡桐花，放入盐，用手揉搓，去除花的苦涩，再在清水中浸泡30分钟，将花捞出，沥干水分、待用；将鸡蛋打入碗中，加入适量玉米淀粉、面粉、盐，将面糊搅拌均匀；锅中放入适量油，将花浸入到面糊中，放入锅中煎至两面金黄，装盘，在泡桐花上淋上番茄酱，撒上葱花，即可食用。

普通念珠藻

【普通念珠藻档案】

学名：*Nostoc commune*

别名：地木耳、地皮菜、地软、地皮、地衣

所属类别：念珠藻科植物

分布区域：全国大部分地区

采摘季节：一年四季均有，尤其是在春秋的雨后

采食部位：全株

【食用方法】

地皮菜属于藻类植物，它含有大量的海藻糖，经常食用可以预防癌症的发病概率。食用普通念珠藻之前一定要将其清洗干净，先在水里浸泡几个小时，将其泡开，用手揉搓，将普通念珠藻上的泥土清洗干净，然后再更换清水浸泡，清洗干净后，将水分挤出来，再烹饪。

普通念珠藻的吃法有凉拌、炒食、做汤，还可以磨成粉，用来做粥、做面包等，相对来说，凉拌还是大众较为喜欢的吃法，凉拌前，记得先将普通念珠藻入沸水锅内焯一下。

【食用功效】

普通念珠藻性味淡，寒，具有降脂明目、清热降火、补钙壮骨、清肝明目、预防癌症之功效。

治夜盲症：普通念珠藻二两，当菜常食。（《陕西中草药》）

治烫火伤：普通念珠藻五钱。焙干研粉，菜油调敷患处，或加白糖三钱，香油调敷患处。（《陕西中草药》）

【美食配料】

普通念珠藻200克，韭菜50克。

【野菜美味】

将普通念珠藻、韭菜分别洗净，沥干水分；锅烧热，倒入油，油热后倒入普通念珠藻煸炒，放入精盐入味，出锅待用；韭菜切断，入锅煸炒，加盐入味，再放入普通念珠藻焖炒数分钟即可。

芡 实

【芡实档案】

学名：*Euryale ferox*

别名：鸡头米、水流黄、鸡头果、苏黄、黄实、鸡嘴莲

所属类别：睡莲科植物

分布区域：东北、华北、华东、华中、四川、贵州等地

采摘季节：秋末冬初

采食部位：种子

【食用方法】

芡实的营养价值非常高，具有滋补功效，尤其是补肾的作用十分明显。

芡实分生用、炒用两种，其功效也不同，生芡实具有补肾涩精的作用，炒芡实则以健脾开胃为主，炒芡实一般药店有售，因在制作过程中需要加入麦麸，并掌握很好的火候，所以，它并不适合家庭制作。

芡实的最佳食用方法是煮粥、熬汤，或者制成糊状冲服。用芡实煮粥可以与粳米、山药、莲子、核桃仁、红枣等搭配，营养又美味，非常适合秋冬季节食用。

【食用功效】

芡实性平，味甘、涩，具有益肾固精、补脾止泻、祛湿止带的功效。

治梦遗漏精：鸡头肉末、莲花蕊末、龙骨（别研）、乌梅肉（焙干取末）各一两。上件煮山药糊为丸，如鸡头大。每服一粒，温酒、盐汤任下，空心。（《杨氏家藏方》）

治老幼脾肾虚热及久痢：芡实、山药、茯苓、白术、莲肉、薏苡仁、白扁豆各四两，人参一两。俱炒燥为末，白汤调服。（《方脉正宗》）

【美食配料】

山药300克，大米100克，薏米50克，芡实40克。

【野菜美味】

薏米和芡实洗净后，用清水浸泡2小时。大米洗净，将浸泡好的薏米，芡实放入锅中，倒入清水，大火煮开后，调成小火煮30分钟，然后倒入大米继续用小火煮20分钟；山药去皮，切成厚片，放入锅中，再继续煮10分钟即可。

青葙

【青葙档案】

学名：*Celosia argentea*

别名：草蒿、姜蒿、昆仑草、野鸡冠、鸡冠苋、狼尾巴果、鸡冠菜、狐狸尾

所属类别：苋科植物

分布区域：我国大部分地区

采摘季节：春、夏季

采食部位：嫩苗

【食用方法】

青葙的食用方法有很多，青葙的嫩苗可以凉拌或炒食，做之前，先要用沸水焯一下。青葙的种子（青葙子）也可以代替芝麻制作糕点。

另外，青葙子可以搭配桑叶菊花泡水喝，可以调理风热咳嗽，还能搭配桑白皮和贝母，调理肺部血热，痰多、咳嗽不止。

【食用功效】

青葙味苦；性寒，具有燥湿清热、杀虫止痒、凉血止血、清肝火降血压之功效。

治头昏痛伴有眼噱、眉棱骨痛：青葙子9克，平顶莲蓬5个。水煎服。（江西《草药手册》）

治风湿身疼痛：青葙子根一两。猪脚节或鸡鸭炖服。（《泉州本草》）

治暴发火眼，目赤涩痛：青葙子、黄芩、龙胆草各9克，菊花12克，生地黄15克。水煎服。（《青岛中草药手册》）

治妇女阴痒：青葙茎叶90~120g加水煎汁熏洗患处。（江西《草药手册》）

【美食配料】

肉丝200克，青葙200克。

【野菜美味】

青葙摘去根部洗净后，切段；起油锅，放入肉丝炒八成熟，加入青葙大火快炒，加少许蒜末、米酒、麻油及盐调味，炒匀即可。

酸 浆

【酸浆档案】

学名：*Physalis alkekengi*

别名：酸泡、红姑娘、挂金灯、戈力、灯笼草、灯笼果、洛神珠、泡泡草

所属类别：茄科植物

分布区域：甘肃、陕西、河南、湖北、四川、贵州、云南等

采摘季节：夏季

采食部位：果实

【食用方法】

酸浆果成熟后，外层有一层类似于灯笼状的包皮，需要将其去掉，才能食用。

用酸浆果泡茶是常见的吃法之一，将新鲜的酸浆果去掉外层包皮以后，用清水洗净，放入玻璃杯中，冲入沸水，等上5分钟，即可直接饮用，也可以连同酸浆果一起吃下，能为身体补充多种维生素与微量元素。

将酸浆果制成干果食用，味道也非常棒，将新鲜的酸浆果去掉外层包皮以后，从中间切开，放在阳光下晾晒，或放入烤箱中中火烤制，10分钟左右就能制成干果食用了，也可以用来泡水喝。

【食用功效】

酸浆果性味酸苦，寒，主要功效为清热解毒、利尿、抑菌、降压、强心，因富含维生素C、胡萝卜素和一些醇类物质以及生物碱，能延缓皮肤衰老，具有美容养颜的作用。

【美食配料】

酸浆果皮2个，干山楂5个，干红枣2个，柠檬3片，冰糖适量。

【野菜美味】

将酸浆果皮、红枣、山楂洗净，用热水冲泡，加入冰糖，等水温降低后，加入柠檬片，盖上盖子继续浸泡，待柠檬入味即可饮用。

石榴花

【石榴花档案】

学名：*Punica granatum*
别名：榴花，酸石榴花
所属类别：石榴科植物
分布区域：除了极寒地区，均有栽培，以山东、陕西、安徽、河南、江苏、四川等地较多
采摘季节：5～10月
采食部位：花朵

【食用方法】

石榴花可以作为各种美食的原料，洗净后炒腊肉，做石榴汤，或者搭配韭菜、辣椒、田螺、鸡杂炒石榴花，还可以凉拌石榴花。

在以上几种做法中，凉拌石榴花最简单，石榴花用热水煮2分钟，过凉水备用，奶油生菜切丝拌入石榴花，放入盐、香油，拌匀即可食用。

【食用功效】

石榴花性温、味酸，具有祛淤止血的作用，还可抑制黑色素生成，使皮肤光洁柔润，延缓皱纹生成。

治鼻血：石榴花适量，研末，每次用一分，吹入鼻孔。（《贵州草药》）

治中耳炎：石榴花，瓦上焙干，加冰片少许，研细，吹耳内。（《草药手册》）

【美食配料】

新鲜石榴花200克，五花肉500克，韭菜、干辣椒少许。

【野菜美味】

石榴花用热水煮2分钟，过凉水备用；锅内倒入食用油，油热放入五花肉翻炒，放入大酱炒九成熟后，加入石榴花，翻炒几下，放入少许盐、韭菜，即可起锅。

酸模叶蓼

【酸模叶蓼档案】

学名：*Polygonum lapathifolium*

别名：蓼草、旱苗蓼、白辣蓼、大马蓼、柳叶蓼

所属类别：蓼科植物

分布区域：主要分布于黑龙江、辽宁、河北、山西、山东、安徽、湖北、广东等地

采摘季节：春、夏季

采食部位：幼苗及嫩茎叶

【食用方法】

春季采摘酸模叶蓼的幼苗，夏季采摘酸模叶蓼的嫩茎叶，将其洗净后，用开水焯一下，就可以做各种美食了，可凉拌、炒食、蒸食、做汤等，非常适合夏季食用，具有清热解毒的作用。

【食用功效】

酸模叶蓼味酸、苦，性凉，具清热解毒，利湿止痒、利尿消肿、止痛止呕等功能。

治阴发背，黑凹不知痛者：鲜蓼草10斤（晒干，烧灰存性，淋灰汁，熬膏至半碗听用），风化窑脑（即石灰）1两。制法上二味调匀，入瓷罐收贮封固。如遇阴毒，将笔蘸点在患处。不2次退透知痛，出黑水血尽，将膏药贴之自愈。（《外科启玄》）

【美食配料】

酸模叶蓼200克，猪瘦肉1000克。

【野菜美味】

将酸模叶蓼择洗干净，控干水分，切成段；将猪瘦肉洗净，切成片，加入酱油、料酒、淀粉抓匀，腌渍10分钟入味。炒锅内倒入油、用大火烧热、将猪肉片倒入翻炒、加花椒粉、葱花、姜丝煸出香味，即下酸模叶蓼继续翻炒至熟，然后加盐、味精、胡椒粉炒匀即可。

鼠曲草

【鼠曲草档案】

学名：*Gnaphalium affine*

别名：清明菜、追骨风、黄花曲草、田艾、佛耳草、土菌陈、酒曲绒

所属类别：菊科植物

分布区域：我国华东、华中、华南、西南各地

采摘季节：春、夏

采食部位：清明节前后采食幼苗，春、夏采食嫩茎叶

【食用方法】

清明菜在清明前后食用味道最佳，鼠曲草的叶片上有一层白色的细细的棉毛，一定要多次清洗，以免影响口感。

鼠曲草的食用方法有很多，可以做成馅心，将鼠曲草嫩苗清洗干净后煮烂，揉入面粉作为馅心，做成糕点，香糯可口。也可以用其嫩苗剁碎煮烂揉进面粉，加肉馅做成点心，用油煎食，味道清香。

炎炎夏日，用鼠曲草与红糖做成鼠曲草糖饮，清热甘甜，也是非常不错的选择。

【食用功效】

鼠曲草味甘，平，具有祛风除湿，调中益气，止咳平喘、降低血压的功效。可用于治疗非传染性溃疡、慢性气管炎、喘息咳嗽、风湿痛、高血压等症。

治老咳嗽，壅滞胸膈痞满：雄黄、鼠曲草、鹅管石、款冬花各等分。上为末，每服用药一钱，安在炉子上焚着，以开口吸烟在喉中。（《宣明论方》）

治支气管炎、寒喘：鼠曲草、黄荆子各五钱，前胡、云雾草各三钱，天竺子四钱，荠尼根一两。水煎服。连服五天。一般需服一个月。（《浙江民间常用草药》）

【美食配料】

糯米粉200克，鼠曲草100克，猪肉馅200克，鸡蛋1个，五香粉、白糖适量。

【野菜美味】

将鼠曲草择洗干净，切碎放入沸水锅中焯一下捞出放凉待；将盐、五香粉、鸡蛋放入肉馅中顺一个方向搅打上劲；将糯米粉、白糖倒入鼠曲草中揉成软硬适中的面团内包入调好的馅儿搓成圆球，放入蒸锅中大火蒸15分钟，即可。

桑葚

【桑葚档案】

学名：Morus alba

别名：桑椹子、桑蔗、乌椹、桑枣、桑果、桑泡儿

所属类别：桑科植物

分布区域：全国大部分地区均产，主产江苏、浙江、湖南、四川、河北等地

采摘季节：4~6月

采食部位：果实

【食用方法】

桑葚是一种既营养又美味的水果，食用的方法有很多，可以直接吃，也可以泡水喝、泡酒喝，熬粥的时候放上一些，味道更甜美。

桑葚干可以泡水喝，将20颗桑葚干直接用开水冲泡饮用，连同桑葚一同吃。

桑葚干可以熬粥，与粳米、山药等食材放在一起煮粥，能补肝护肾。

【食用功效】

桑葚性味甘、酸，寒，具有生津润燥、补血滋阴之功效。

治烫火伤：用黑熟桑葚子，以净瓶收之，久自成水。以鸡翎扫敷之。(《百一选方》)

治心肾衰弱不寐或习惯性便秘：鲜桑葚30~60克。水适量煎服。(《闽南民间草药》)

【美食配料】

桑葚干25克，牛骨250~500克。

【野菜美味】

桑葚干洗净，加少许酒、糖蒸制，将牛骨放入锅中，水煮，开锅后撇去浮沫，加姜、葱再煮，直到牛骨发白，捞出牛骨，加入已蒸好的桑葚子，开锅后再去浮沫，调味后即可。

土大黄

【土大黄档案】

学名：Rumex madaio

别名：吐血草、箭头草、红筋大黄、金不换、血三七、化雪莲、鲜大青、救命王

所属类别：蓼科植物

分布区域：山东、江苏、江西、河南、湖北、湖南及广东等省

采摘季节：9~10月采摘

采食部位：肉质根部

【食用方法】

在土大黄的食用方法中，代茶饮最为常见。

将新鲜的土大黄连根带叶一起清洗干净，并和百合、冰糖放在一起煎水，代茶饮。

也可以用土大黄的根切成片，与蜂蜜放在同一个茶杯中，用沸水浸泡5~10分钟，饮用。

土大黄除了做成茶饮用外，还可以做成酒，海藻、茯苓、防风、独活、附子、白术各90克，当归60克，土大黄120克，将以上食材捣碎，装入布袋，浸入3000克白酒中，密封浸泡5~7天后，过滤去渣，就可以饮用了。

还可以将土大黄与瘦肉搭配，将两者剁碎，搅拌在一起，做成饼状，放在锅里蒸熟，即可食用。

【食用功效】

土大黄性味苦、辛、凉。具有清热解毒，止血，祛瘀，通便，杀虫之功效。可用于治疗肺脓肿、肺结核咯血、流行性乙型脑炎、急、慢行肝炎。

治咳嗽吐血，跌打受伤吐血：土大黄五至七钱，和精猪肉切细，做成肉饼，隔水蒸熟食之。（《中医药实验研究》）

治大便秘结：土大黄根一至五钱，水煎服。（《湖南药物志》）

【美食配料】

粳米150克，土大黄3克，冰糖20克。

【野菜美味】

将土大黄研成细粉；粳米淘洗干净，与土大黄一同放入锅中，加入适量清水，用武火煮沸后，再用文火煮半个小时，最后加入冰糖搅匀即成。

土茯苓

【土茯苓档案】

学名：Smilax glabra
别名：土萆薢、硬饭头、冷饭团
所属类别：百合科植物
分布区域：广东、海南、广西、福建等地
采摘季节：夏、秋季
食用部位：根茎

【食用方法】

土茯苓常常被用来熬粥或煲汤，如三米土茯苓汤、土茯苓粥、土茯苓栗子粥等，此外，土茯苓还可以搭配绿豆、红糖熬水饮用，具有解毒清热、祛湿利水的作用。

【食用功效】

土茯苓性平，味甘、淡。具有解毒利尿、通利关节的作用。

治风湿骨痛，疮疡肿毒：土茯苓一斤，去皮，和猪肉炖烂，分数次连滓服。(《浙江民间常用草药》)

治血淋：土茯苓、茶根各五钱。水煎服，白糖为引。(《江西草药》)

治皮炎：土茯苓二至三两。水煎，当茶饮。(《江西草药》)

治杨梅疮毒：土茯苓一两或五钱，水酒浓煎服。(《滇南本草》)

【美食配料】

土茯苓15克，栗子25克，粳米100克，大枣10个。

【野菜美味】

锅中加入适量水，放入栗子、大枣、粳米先煮；土茯苓研末，待米半熟时徐徐加入，搅匀，煮至栗子熟透，加糖调味后，即可食用。

土人参

【土人参档案】

学名：Talinum paniculatum

别名：仙人菜、水人参、龙凤参、参草、福参、假人参、参仔叶、东洋参、紫人参等

所属类别：马齿苋科植物

分布区域：江苏、安徽、浙江、福建、河南、广东、广西、四川、贵州、云南等地

采摘季节：一年四季

采食部位：嫩茎叶、肉质根

【食用方法】

土人参是一种营养、优质、食用安全的绿色蔬菜。

土人参的嫩茎叶品质脆嫩，爽滑可口，既可做汤或炒食，也可与鸡、鱼、肉混合做汤菜食用，味道有点像木耳菜，有一股清香味，具有补中益气、润肺的作用。

土人参虽然不是人参，但它的根部一样具有滋补的作用，可以用来凉拌、煲汤，煲汤宜与肉类搭配，药膳两用。

【食用功效】

土人参性平，味甘、淡，具有健脾润肺、止咳、调经之功效。

可治脾虚劳倦、泄泻、肺痨咳痰带血、脑晕潮热、盗汗、自汗。

治多尿症：土人参二至三两，金樱根二两。共煎服，日二、三次。（《福建民间草药》）

治虚劳咳嗽：土洋参、隔山撬、通花根、冰糖。炖鸡服。（《四川中药志》）

治盗汗、自汗：土人参二两，猪肚一个。炖服。（《闽东本草》）

【美食配料】

土人参叶500克，鸡蛋2个。

【野菜美味】

摘取土人参新鲜的嫩叶洗净，用开水烫三分钟，再用冷水冷却后晾干水分，鸡蛋打散，煎好备用，锅中倒入食用油，爆香葱，加入土人参叶炒三分钟，加煎蛋，放少许盐、酱油，炒翻两分钟即可。

桃树胶

【桃树胶档案】

学名：*Amygdalus persica*
别名：桃胶、桃油、桃脂、桃花泪、桃凝
所属类别：蔷薇科植物
分布区域：山东、浙江、河北、湖北、安徽、贵州、陕西、山西、甘肃、江苏等地
来源：桃或山桃等树皮中分泌出来的树脂
采摘季节：夏季
采食部位：树脂

【食用方法】

桃树胶在食用前，要先用清水浸泡10多个小时，使其泡发变软，经过长时间浸泡后，桃树胶会变成果冻一般的透明物质，略点清香，口感如果冻，十分滑爽。

桃树胶主要用来做糖水，可以搭配红枣、雪梨、银耳、木瓜等食材，味道十分鲜美。

【食用功效】

桃树胶性味甘苦；平；无毒，具有清热止渴、养颜抗衰老、润肠道等功效。

治石淋作痛：桃木胶如枣大，夏以冷水三合，冬以汤三合和服，日三服，当下石，石尽即止。（《古今录验方》）

治虚热作渴：桃胶如弹丸大，含之咽津。（《千金方》）

治糖尿病：桃胶，用微温水洗净，放在小锅内煮食，随便加些调味盐类亦可（但不要加入甜味）。每次服一至二两。（《草药验方交流集》）

治血淋：石膏、木通、桃胶（炒作末）各半两。上为细末。每服二钱，水一盏，煎至七分，通口服，食前。（《杨氏家藏方》）

治产后下痢赤白，里急后重疼痛：桃胶（焙干）、沉香、蒲黄（炒）各等分。为末。每服二钱，食前米饮下。（《妇人良方》）

【美食配料】

雪梨1个，桃树胶15克，银耳5克，冰糖适量。

【野菜美味】

做法：先将桃树胶放入清水中，浸泡10个小时，至泡发变软；将桃树胶清洗干净，掰成均匀的小块；银耳用清水泡20分钟变软后，掰成小朵；雪梨去皮，切丁；将桃树胶、银耳和水放入锅中，大火煮开后改小火继续煮30分钟；放入梨丁煮5分钟，再放入冰糖，煮3分钟，至冰糖融化，汤汁浓稠即可。

藤三七

【藤三七档案】

学名：*Anredera cordifolia*

别名：藤子三七、云南白药、洋落葵、土川七

所属类别：落葵科植物

分布区域：云南、四川及台湾等省

采摘季节：全年可采

采食部位：果实、叶子、嫩芽

【食用方法】

藤三七浑身都是宝，它的果实、叶子、嫩芽都能食用，吃法也很丰富。

藤三七的叶片肥厚、枝茎嫩滑，做各种汤菜时，可以将叶片撕碎，放入汤中，具有健胃保肝的作用。

藤三七的叶片、枝茎还可以用来清炒，快出锅时加一点蒜蓉，味道鲜香；也可以搭配肉类同炒，待肉快成熟时放入切好的藤三七，加适量盐，翻炒几下即可。

藤三七还可以搭配鸡蛋食用，将藤三七叶片剁碎后与打散后的鸡蛋搅拌均匀，加入少量的盐搅拌，炒锅烧热后倒入少量的油，将汁液入锅煎至两面金黄，即可食用。

藤三七的根茎和菊芋的根茎很相似，呈块状，煲各种汤时可以将其切片，放入其中。

【食用功效】

藤三七性味微苦，温，具有滋补、壮腰膝、消肿散淤的功效，可治疗腰膝痹痛，跌打损伤，骨折。

治跌打扭伤：藤三七、鱼子兰、土牛膝、马菌香。捣敷患部。（《中华本草》）

【美食配料】

腰子1个，藤三七叶2两，枸杞半匙，姜2块。

【野菜美味】

藤三七叶放入滚水中焯一下，捞出放入冷水中冲凉待用；姜切成薄片，腰子片切去内部血管，切花刀再改刀切成斜片，起油锅将油烧热，放入腰花过油10秒后捞出沥干；原锅油倒掉，放入麻油爆香姜片，再加入料酒、盐、糖略炒一下，将泡软的枸杞、藤三七叶、腰花一同倒入锅中，以少许淀粉水勾芡炒匀即可。

菟丝子

【菟丝子档案】

学名：*Cuscuta chinensis*

别名：无根草、黄丝、黄丝藤、豆寄生、无娘藤、金黄丝子

所属类别：旋花科植物

分布区域：主产辽宁、吉林、河北、河南、山东、山西、江苏等地

采摘季节：秋季

采食部位：种子

【食用方法】

菟丝子是旋花科植物的干燥成熟种子，性甘、温，《神农本草经》将其列为上品。

菟丝子可以用来泡茶喝，将菟丝子捣碎，搭配红糖，泡茶喝，味道非常棒，还可以加一些柠檬汁，酸酸甜甜。

菟丝子还可以用来泡酒，将菟丝子捣碎后，放入太阳底下暴晒，加入麦冬、蜂蜜等食材。另外，菟丝子熬粥喝也非常有营养，搭配枸杞、菊花、小米等食材。

【食用功效】

菟丝子性味甘，温，对滋补肝肾、阳痿遗精、尿有余沥、尿频、腰膝酸软、脾肾虚泻等有很好的疗效。

治痔下部痒痛如虫啮：菟丝子熬令黄黑，末，以鸡子黄和涂之。(《肘后方》)

治小便赤浊，心肾不足，精少血燥，口干烦热，头晕怔忡：菟丝子、麦门冬等分。为末，蜜丸梧子大，盐汤每下七十丸。(《纲目》)

治腰痛：菟丝子(酒浸)、杜仲(去皮，炒断丝)等分。为细末，以山药糊丸如梧子大。每服五十丸，盐酒或盐汤下。(《百一选方》)

【美食配料】

鸡肝50克，小米100克，菟丝子25克。

【野菜美味】

小米洗净，鸡肝切片，将菟丝子装进纱布袋，放入砂锅里，加入适量水，小火煮30分钟，捞起菟丝子，将小米放进锅里煮熟，再将鸡肝放入，再次煮开后，加入盐、鸡精调味即可。

铁苋菜

【铁苋菜档案】

学名：*Acalypha australis*

别名：人苋、血见愁、海蚌含珠、叶里藏珠、撮斗装珍珠、野麻草

所属类别：大戟科植物

分布区域：东北及河北、山东、江苏、福建、湖北、湖南、云南、贵州、四川、广东等地

采摘季节：夏秋采集

采食部位：嫩叶

【食用方法】

铁苋菜的食用方法包括炒、焓、拌、做汤、下面和制馅，不过烹调时间不宜过长。炒铁苋菜的时候，可能会出很多水，所以，在炒制过程中无须加水，出锅前放入蒜沫，蒜香扑鼻，味道更浓厚。

铁苋菜搭配豆腐做成汤，也是不错的美食，将铁苋菜洗净，放入沸水中焯一下，捞出沥干；水发海米切末，豆腐切块；炒锅加入食油，油热后下海米和豆腐块，待汤烧开后，将铁苋菜一滚即离火装碗，根据个人口味加入适量的调料即可。

【食用功效】

铁苋菜性味苦、涩，凉，具有清热解毒，利湿，收敛止血之功效。可治肠炎、便血、尿血、皮炎、湿疹。

治外伤出血：新鲜铁苋菜，捣成泥状，然后直接敷在患处，可起到止血、消肿、止痒的作用。

【美食配料】

铁苋菜300克，牛肉丸150克。

【野菜美味】

将铁苋菜的嫩叶清洗干净；牛肉丸切成十花刀；蒜拍碎；姜切片；锅中加水适量水，放入姜片烧开，放入牛肉丸滚至浮起，然后下铁苋菜，再滚开时下蒜、盐和少许油调味，即可。

蕹菜

【蕹菜档案】

学名：*Ipomoea aquatica*

别名：蕹、藤藤菜、蕻菜、瓮菜、空心菜、空筒菜、无心菜、水雍菜

所属类别：旋花科植物

分布区域：中国中部及南部各省

采摘季节：夏秋季节

采食部位：嫩茎叶

【食用方法】

空心菜是百姓餐桌上常见的一种野菜，但大多数人都不知它对治疗"三高"疾病有辅助作用。生熟皆宜，荤素俱佳，空心菜的嫩茎叶适合凉拌、炒食等，做炒菜时，要大火快炒，不用等叶片变软，即可出锅。

空心菜还可以搭配鱼类、蛋类、豆制品，也能做出众多美食，如腐乳空心菜、空心菜鸡蛋汤、空心菜滚乌鸡汤等。

【食用功效】

蕹菜性味甘、淡，凉，具有清热解毒、保护皮肤、保护眼睛、降脂、减肥、缓解便利、利尿、止血之功效。

治鼻血不止：蕹菜数根，和糖捣烂，冲入沸水服。（《岭南采药录》）

治皮肤湿痒：鲜蕹菜，水煎数沸，候微温洗患部，日洗一次。（《闽南民间草药》）

【美食配料】

空心菜（梗）200克，猪肉100克。

【野菜美味】

猪肉切末，加入料酒、生抽和食用油拌匀，腌制片刻；将豆腐乳用温水稀释待用；空心菜梗切成段，葱花切末，红辣椒切小圈待用；热锅放油，将肉末倒入划散，变色后，放入葱花、红椒圈爆香，再放入空心菜大火翻炒，加入豆腐乳汁、糖和盐调味，即可装盘食用。

乌饭子

【乌饭子档案】

学名：*Vaccinium bracteatum*

别名：乌饭果、米饭果、冷饭果、沙汤果、纯阳子

所属类别：杜鹃花科植物

分布区域：四川、贵州、云南及西藏

采摘季节：秋季

采食部位：果实

【食用方法】

乌饭子是我国独有的一种天然植物，其具有良好的食用和药用价值，是理想的养生佳品。

采摘新鲜的乌饭子，可以当作水果，清洗干净后，直接食用，还可以用榨汁机榨成汁饮用，味道酸甜。

另外，乌饭子泡酒也是不可多得的美味，将乌饭子清洗干净，沥干水分，浸入白酒中，密封，一周后即可启封饮用。

【食用功效】

乌饭子味甘、酸，性温，具有促消化、安神、助睡眠、止咳、补血、止血等功效。

治久咳，失眠：乌饭果三至五钱，水煎服。（《昆明民间常用草药》）

【美食配料】

糯米500克，乌饭子叶50克。

【野菜美味】

将糯米淘洗净备用；乌饭子叶洗净加入适量水，煮30分钟，去其叶渣，取汁水煮糯米，用文火煮两小时，待米色变黑，熟烂后可即食用。

薤白

【薤白档案】

学名：*Allium macrostemon*

别名：薤白头、野白头、野薤、野蒜、薤根、藠子、小独蒜

所属类别：百合科植物

分布区域：主产东北、河北、江苏、湖北等地

采摘季节：北方多在春季，南方多在夏秋间采收

采食部位：鳞茎

【食用方法】

薤白既可以做烹调材料，又可以作为蔬菜食用。

薤白作为烹调材料，可加入到多种菜肴中，起到调味的作用，烧荤菜可以加入，作为配菜起到开胃的作用，熬汤加入可增加汤的鲜美，与粥同食，既美味又营养。

薤白作为蔬菜，可炒食，盐渍或糖渍。

【食用功效】

薤白味辛、苦，温，具有理气宽胸、通阳散结的功效，因含有特殊香气和辣味，还能促进消化，增加食欲，还可加强血液循环，起到利尿祛湿的作用。

治食诸鱼骨鲠：小嚼薤白令柔，以绳系中，持绳端，吞薤到鲠处，引之。（《补缺肘后方》）

治妊娠胎动，腹内冷痛：薤白一升，当归四两。水五升，煮二升，分二服。（《古今录验方》）

【美食配料】

薤白1000克，剁椒200克，盐100克，高度白酒100毫升。

【野菜美味】

将薤白洗净，切去须根和上部的嫩茎，再次洗净，沥干水分；泡菜坛洗净晾干水分，备好盐、白酒和剁椒等配料，将薤白和盐、白酒、剁椒按比例配好拌匀，将其入坛，密封20天即可食用。

荇菜

【荇菜档案】

学名：*Nymphoides peltatum*

别名：莕菜、莲叶荇菜、大紫背浮萍、水葵、水镜草、水荷叶

所属类别：龙胆科植物

分布区域：我国南方温暖地区

采摘季节：春夏季节

采食部位：嫩茎叶

【食用方法】

荇菜茎叶清香滑嫩，又富含蛋白质、维生素和有机酸等物质，是营养价值非常高的野菜。

采摘荇菜的嫩茎叶，去杂洗净，用沸水焯一下，再放冷水中浸泡，捞出控干水分，可凉拌、炒食、煮粥、做汤等，观之青翠悦目，食之爽口怡人。

【食用功效】

荇菜性味辛，寒，具有发汗、透疹、清热、利尿的作用。

对于治疗痈肿疮毒、热淋小便湿痛有很好的作用。

【美食配料】

荇菜400克，皮蛋两个，蒜头3瓣，葱适量。

【野菜美味】

将荇菜的嫩茎叶洗干净备用；蒜头切片，皮蛋切瓣；锅预热，放油，葱爆香，倒入清水，水沸腾后放入荇菜，3分钟后放入皮蛋、蒜，加入适量的盐，即可出锅。

香 椿

【香椿档案】

学名：*Toona sinensis*
别名：椿芽树、椿花、红椿、香铃子
所属类别：楝科植物
分布区域：华北、华东、中部、南部和西南部各省区
采摘季节：春季
采食部位：嫩芽

【食用方法】

香椿发的嫩芽可做成各种菜肴，做菜前，将洗净的香椿用开水略焯一下，香椿就会浓香四溢，又脆又嫩。

香椿可作摊鸡蛋，盐渍、凉拌食用，味道都不错，如椒盐香椿鱼、香椿鸡脯、香椿皮蛋豆腐、香椿拌花生、香椿炒鸡蛋、香椿竹笋等。

【食用功效】

香椿味苦、涩，温，具有祛风利湿、止血止痛、清热解毒、健胃理气、润肤明目、杀虫等功效。可用于治疗食欲缺乏、疮疥、便血、痢疾、肠炎、肺炎、尿道炎等病症，民间有"长食香椿不染病"的说法。

治伤风感冒：取适量香椿与食醋，将香椿浸泡在食醋中，然后用沸水将其冲泡成香椿汤，每日饮用一剂。

治疮痈肿毒：鲜香椿叶、大蒜等量，加少许食盐，共同捣烂，外敷于患处，每日1次。

【美食配料】

香椿50克，花生米100克，青红椒末少许。

【野菜美味】

花生米炸好撒上盐拌匀晾凉；香椿嫩芽洗净，放入开水中焯好捞出，撒上盐末渍干水分，切成细末放在炸好的花生米上，滴上香油、生抽，洒上青红椒末拌匀即可。

小 蓟

【小蓟档案】

学名：*Cirsium setosum*

别名：刺儿菜、青刺蓟、刺蓟菜、千针草、猫蓟、野红花、小刺盖、小蔚炭、青青菜

所属类别：菊科植物

分布区域：全国大部分地区

采摘季节：夏、秋

采食部位：嫩苗

【食用方法】

小蓟是一种食用价值很高的野菜，用小蓟的嫩苗炒食、凉拌、做汤、熬粥、做馅都可以，吃法非常多，最常见的吃法就是凉拌小蓟，把小蓟洗净以后，用开水焯一下，加上调料凉拌，就可食用了。

用小蓟做菜粥的吃法也很普遍，将菜切细，在锅里放水烧开后，先加入面粉、豆粉，再加入小蓟，烧开几滚后，即可食用了。还有很多人喜欢用小蓟做馅，包水饺、包包子、烙馅饼。

总之，不管是哪种吃法，都是唇齿留香，回味无穷。

【食用功效】

小蓟味甘苦，性凉，具有凉血、降压、祛瘀、止血、散瘀之功效。

治产后淤血不尽，出血不止：小蓟根叶（锉碎）、益母草（去根，切碎）各五两。水三大碗，煮二味烂熟去滓至一大碗，将药于铜器中煎至一盏，分作二服，日内服尽。（《圣济总录》）

【美食配料】

小蓟50克，鸡蛋3个。

【野菜美味】

将小蓟择洗干净，入沸水锅焯过，冷水过凉，挤出水分，切碎放入碗中，打入鸡蛋，再加入葱姜碎、十三香、盐，搅拌均匀。锅中倒油，油热后倒入小蓟蛋液，用铲子推开摊薄，一面煎熟后翻面，两面都煎熟即成。

仙人掌

【仙人掌档案】

学名：*Opuntia stricta*

别名：龙舌、霸王、火掌、仙巴掌、火焰、玉芙蓉

所属类别：仙人掌科植物

分布区域：原产美洲热带地区，各地栽培

采摘季节：四季可采

采食部位：果实、嫩茎

【食用方法】

食用仙人掌的营养十分丰富，它的嫩茎可以当做蔬菜食用，可以凉拌，也可以热炒，凉拌时，去刺去皮后、水煮、切片、加油、放入调料，搅拌均匀，即可；若热炒则不需要水煮，切片或切丝后，就可以烹饪了。

仙人掌的果实则是一种口感清甜的水果，用刀将仙人果从中间切开，取出仙人果肉，装入杯中，加入水和蜂蜜，搅拌均匀后，待仙人果的种子沉淀后滤除，就可以饮用了，还可以将果肉与蜜糖、温开水冲服，味道也非常不错。

【食用功效】

仙人掌性寒，味苦，具有行气活血、凉血止血、解毒消肿、健胃止痛、镇咳的功效。

治胃痛：仙人掌研末，每次一钱，开水吞服；或用仙人掌一两，切细，和牛肉二两炒吃。（《贵州草药》）

治火伤：仙人掌，用刀刮去外皮，捣烂后贴伤处，并用消毒过的布包好。（《福建民间草药》）

【美食配料】

食用仙人掌300克，青、红尖椒共15克。

【野菜美味】

仙人掌洗净，去刺、去皮，切成丝，青红椒洗净，切成丝；锅烧热，放入油，下入青椒、仙人掌，依次放入盐、味精、葱姜丝，煸出香味，大火速翻炒，即可出锅。

野百合

【野百合档案】

学名：*Lilium brownii*

所属类别：百合科植物

分布区域：东北、华东、华南以及西南各地

采摘季节：夏、秋季

食用部位：鳞茎

【食用方法】

野百合的食用以鲜品为宜，四季皆可食用，秋季食用最佳。做炒菜时，通常会与蔬菜搭配，如野百合炒芦笋、野百合炒西芹等，还可以熬粥煲汤，如野百合绿豆汤、野百合红枣粥、甲鱼野百合红枣汤等。

【食用功效】

野百合性平，味甘、淡，具有消积利湿、止咳平喘、抗癌解毒的功效。

治毒蛇咬伤：野百合鲜全草捣烂外敷。（《浙江民间常用草药》）

治白带：野百合30克，水杨柳15克，白鸡冠花15克，白花乌豆30克，木通30克，土茵陈15克。煮鸡蛋食。（《湖南药物志》）

治风湿关节痛：野百合、全缘榕各15克，南蛇藤根24克。猪排骨酌量，水煎服。（《福建药物志》）

治皮肤癌：将农吉利全草制成粉末，高压消毒后，用生理盐水调成糊状外敷；或将药粉撒在创面上，或用鲜全草捣成糊状外敷。（《浙江民间常用中药》）

治盗汗：野百合全草30克。水煎服。（《湖南药物志》）

【美食配料】

南瓜200克，野百合（鲜）20克。

【野菜美味】

取南瓜根部一块，削掉瓜皮；南瓜肉切成3厘米左右的片；将南瓜块沿盘沿摆好；野百合取最新鲜的部分瓣成片，洗净沥干和适量白糖混合均匀；水烧开，隔水蒸15分钟，取出撒适量香葱花即可。

茵陈蒿

【茵陈蒿档案】

学名：*Artemisia capillaris*

别名：白蒿、绒蒿、臭蒿白蒿、绒蒿、臭蒿

所属类别：菊科植物

分布区域：全国大部分地区，主产陕西、山西、安徽

采摘季节：春季

采食部位：幼苗

【食用方法】

茵陈蒿常见的食用方法有凉拌、清炒、煮粥，也可以做成各种糕点，做茶饮等，总之做法多样。

凉拌茵陈蒿，要先把它烫熟，沥干水分，切短一些，加入麻油、辣椒油、蒜汁等调味就可食用了。若清炒一定要用大火爆炒，加入适当调料，碧绿碧绿的样子很能刺激人的食欲。

南方一些地区，还会茵陈蒿做团子和馄饨，先把茵陈蒿烫熟，然后切碎，将其作为馅料，若加一些肉，味道会更好，另外，包饺子也可以加入少量茵陈蒿。

可以用茵陈蒿炖汤、做茶或者煮粥，味道清淡，适合在夏季食用。做茶时，加水煎汤，去渣取汁，就可以喝了。

【食用功效】

茵陈蒿性微寒，味苦、辛。具有利胆、解热、保肝、降脂、降血压、平喘、抑菌、利尿、镇痛、消炎等作用。

治病人身如金色，不多语言，四肢无力，好眠卧，口吐黏液：茵陈蒿、白藓皮各一两。上二味粗捣筛。每服三钱匕，水一盏，煎至六分，去滓，食前温服，日三次。（《圣济总录》）

治风瘙隐疹，偏身皆痒，搔之成疮：茵陈蒿150克（生用），苦参150克。上细锉。用水一斗，煮取二升，温热得所，蘸绵拭之，日五七度。（《圣惠方》）

【美食配料】

鲫鱼一尾，茵陈蒿100克，蜜枣3个，姜2片。

【野菜美味】

鲫鱼宰好洗净，沥干水分，用油煎至两面焦黄；锅中注满热水，将所有食材一同放入锅中，大火煮开15分钟，转为中火煲2小时，调味即可食用。

鸭儿芹

【鸭儿芹档案】

学名：*Cryptotaenia japonica*

别名：三叶、起莫、三石、当田、赴鱼、野蜀葵、鸭脚板、鹅脚板

所属类别：伞形科植物

分布区域：河北、山西、陕西、甘肃、安徽、江苏、浙江、福建、湖北、湖南、江西、广东、广西、四川、贵州、云南等地

采摘季节：春季

食用部位：嫩苗及嫩茎叶

【食用方法】

鸭儿芹以采摘嫩苗及嫩茎叶作蔬菜，具有特殊的芳香味。春季采摘鸭儿芹嫩茎叶，去杂后清洗干净，用沸水浸烫一下，放入清水中浸泡，可凉拌、做汤、炒食，味道十分鲜美。

【食用功效】

鸭儿芹性味辛，温。具有祛风止咳、活血祛瘀的作用。

治皮肤瘙痒：鸭儿芹适量，煎水洗。（《陕西中草药》）

治小儿肺炎：鸭儿芹五钱，马兰四钱，叶下红、野油菜各三钱。水煎服。（《常用中草药配方》）

治百日咳：鸭儿芹、地胡椒、卷柏各三钱。水煎，一日三次分服。（《常用中草药配方》）

治黄水疮：鸭儿芹、香黄藤叶、金银花叶、丹参、闹羊花叶各等分。共研细末，用连钱草、三白草（均鲜品）捣烂绞汁，调涂于患处。（《常用中草药配方》）

治一切痈疽疔毒，恶疮，已溃未溃均可服用：鸭儿芹、马兰、金银花各五钱，鸭跖草一两，台湾莴苣、丝瓜根各三钱。水煎，二次分服。（《常用中草药配方》）

治带状疱疹：鸭儿芹、匍匐堇、桉叶各一两，酢浆草二两，共为细末，醋调敷。（《常用中草药配方》）

【美食配料】

鸭儿芹200克，香菇20克。

【野菜美味】

鸭儿芹、香菇清洗干净，香菇切片，鸭儿芹切段、蒜切末、辣椒切碎；锅中注入清水，大火烧沸，将鸭儿芹焯水片刻，捞出沥干水分；热锅注入食用油，油热后加入辣椒碎、花椒煸炒出香，倒入香菇，翻炒片刻，加入酱油、蚝油、醋、食盐、蒜末，翻炒均匀，调小火，盖上锅盖焖3分钟，加入鸡精调味，翻炒均匀即可出锅装盘。将鸭儿芹铺在表面，淋上香油，即可食用。

野胡萝卜

【野胡萝卜档案】

学名：*Daucus carota*
别名：鹤虱草、山萝卜、红胡萝卜
所属类别：伞形科
分布区域：华东、华中和西南各地
采摘季节：11月至次年3月
采食部位：未抽薹的连根幼苗

【食用方法】

野胡萝卜的嫩茎、叶和根均可食用，它们的营养价值高于我们经常吃的胡萝卜，并且很适合脾虚的人群食用，在治疗腹泻和惊风治疗方面有很好的疗效。

野胡萝卜的嫩茎、叶和根都可以做成美味佳肴，采摘它的根部，除去杂质、须根及泥土，洗净，可以鲜用，也可以制成酸菜食用。

鲜嫩的野胡萝卜最常用的食用方法就是炒食，单炒胡萝卜叶、胡萝卜根茎，或者与其他蔬菜搭配，比如与青豆搭配，做成野胡萝卜珊瑚豆，还可以用野胡萝卜炖小鸡，味道鲜美，营养丰富。

【食用功效】

野胡萝卜味甘、微辛、性凉，具有健脾化滞、治痒、凉肝止血、清热解毒之功效。

治腹泻：野胡萝卜根30克。煨水服。（《贵州草药》）

治痒疹：野胡萝卜嫩叶250克，炒熟服用。

驱蛔虫、蛲虫：野胡萝卜、槟榔、使君子各9克，水煎服。

【美食配料】

野胡萝卜根150克，小鸡1只（约500克）。

【野菜美味】

野胡萝卜择洗干净，小鸡宰杀、去毛、内脏、脚爪，洗净后入沸水烫一下，去除血污。锅中加适量水，放入小鸡，烧沸后加入料酒、精盐、葱、姜、野胡萝卜、胡椒粉，炖烧，出锅即可。

月 季

【月季档案】

学名：*Rosa chinensis*

别名：胜春、斗雪红、月贵花、四季花、月月红、月月开、长春花、月七花

所属类别：蔷薇科植物

分布区域：我国大部分地区

采摘季节：夏秋季节

采食部位：花蕾、花朵

【食用方法】

月季花不仅好看，还可以食用，具有保健的作用。月季花可以泡茶喝，可以与面、鸡蛋搭配，做成点心，还可以熬粥或煲汤。

【食用功效】

月季花性味甘，温，具有活血调经、疏肝解郁、解毒消肿的功效。可用于治疗肝郁血带、月经不调、痛经、闭经及胸闷胀痛、铁打损伤、淤肿疼痛等症状。

治肺虚咳嗽咯血：月季花合冰糖炖服。（《泉州本草》）

治筋骨疼痛，脚膝肿痛，跌打损伤：月季花瓣干研末，每服一钱，酒冲服。（《湖南药物志》）

治产后阴挺：月季花一两炖红酒服。（《闽东本草》）

治月经不调：鲜月季花每次五至七钱，开水泡服，连服数次。（《泉州本草》）

【美食配料】

大米100克，杏仁10克，月季花、白糖适量。

【野菜美味】

将大米、杏仁、月季花瓣分别洗净；锅中倒入清水烧沸，放入大米、杏仁；将一部分月季花倒入锅中，小火煮40分钟；锅中倒入白糖，煮至白糖完全溶化；将剩余的玫瑰花撒入锅中，即可。

野菊花

【野菊花档案】

学名：*Dendranthema indicum*

别名：野山菊、山菊花、苦薏、千层菊、黄菊花

所属类别：菊科植物

分布区域：主产江苏、四川、广西、山东等地

采摘季节：夏、秋季节

食用部位：花朵

【食用方法】

野菊花的食用方法有很多，既可以做菜，也可以泡茶喝，但主要以泡茶为主，野菊花泡茶，可以单泡，也可以与其他食材搭配，比如与罗汉果、雪梨、山楂、蜂蜜等搭配，均能泡出风味独特的茶品。

【食用功效】

野菊花性微寒，味苦、辛。具有清热解毒、消肿、凉肝明目的作用。

治一切痈疽脓肿，耳鼻咽喉口腔诸阳证脓肿：野菊花48克，蒲公英48克，紫花地丁30克，连翘30克，石斛30克。水煎。每日3次分服。（《本草推陈》）

预防流行性感冒：野菊花30克，水煎服；或野菊花30克，鱼腥草30克，金银花藤30克。水煎服。（《四川中药志》）

治疗疮：野菊花和黄糖捣烂贴患处。如生于发际，加梅片、生地龙同敷。（《岭南草药志》）

治急性乳腺炎：野菊花15克，蒲公英30克，煎服；另用鲜野菊叶捣烂敷患处，干则更换。（《安徽中草药》）

治毒蛇咬伤：野菊花15～30克。水煎代茶饮。（《浙江药用植物志》）

治肾炎：野菊花、金钱草、车前草各3克。水煎服。（《陕甘宁青中草药选》）

【美食配料】

野菊花300克、瘦猪肉400克。

【野菜美味】

将野菊花嫩茎叶择去杂物，清洗干净，放入沸水中烫一下，捞出，放入清水中清洗，去其苦味，沥干水，切成丝，放入盘内，待用；猪肉洗干净后，切成片放入碗内，加入料酒、精盐、味精、酱油、葱花及姜丝腌渍一会儿；锅置于火上，烧热，放入花生油，油热后，倒入猪肉煸炒，直炒至入味，投入野菊花炒至入味，加入味精，翻炒，出锅。

玉兰花

【玉兰花档案】

学名：*Magnolia denudata*
别名：木兰、望春、应春花、玉堂春
所属类别：木兰科植物
分布区域：河南、江西、浙江、湖南、贵州等地
采摘季节：春季
采食部位：花朵

【食用方法】

玉兰花肉质厚，具有特殊的清香味，可用来煎食或蜜浸制作小吃，也可以炒食或者泡茶饮用。

将玉兰花瓣撕开，洗净，在清水中加入半茶匙盐，将花瓣浸泡片刻，将洗净的玉兰花瓣沥干水分，放入茶壶中，注入开水，加盖泡20分钟，加入适量蜂蜜，即可饮用。

【食用功效】

玉兰花性味温、辛，有祛风散寒、通窍之功效。

治鼻炎：玉兰花浸酒过滤后，浓缩成稠状浸膏，以棉条浸透塞入鼻腔。

治鼻塞不通：玉兰花30克，川芎30克，木通15克，细辛20克，共研粉末，每次用少许以棉纸裹之，置于鼻腔中。湿则更换、连用5~7日。

治风寒感冒：玉兰花6克，茶叶6克，防风6克，甘草6克，水煎服。

治感冒、头痛：取干花10克，加少许茶叶，开水冲泡后饮用。

【美食配料】

玉兰花200克，朝天椒两个。

【野菜美味】

玉兰花撕成片，朝天椒切成圈状；热锅加油，入玉兰片，炒至玉兰片微有干香味；加入尖椒炒至出味，加入适量细盐调味；加入适量清水，拌炒至汤汁收，加入适量鸡粉即可出锅。

益母草

【益母草档案】

学名：*Leonurus artemisia*

别名：益母、益明、坤草、月母草、益母艾、茺蔚茎

所属类别：唇形科植物

分布区域：分布于全国各地

采摘季节：春季幼苗期至初夏花前期

采食部位：嫩茎叶

【食用方法】

益母草被称为是妇女之友，说明它非常适合女性朋友食用，食用的方法很多，可以与鸡蛋、排骨搭配做成汤水饮用，或者用益母草制成布丁食用，还可以用益母草做成茶饮用。

取益母草60克，红糖50克，先将益母草加水煎汤，取其200毫升，再加入红糖，待红糖溶解后，顿服。

益母草还可以与当归搭配，取益母草5克，当归3克，茉莉花茶包1个，将益母草和当归放入锅中，加水煮沸后熄火，滤去茶渣，再将花茶包放入杯中，倒入煮好的药茶、泡成茶饮即可。

以上两种茶饮具有养血调经的作用。

【食用功效】

益母草性微寒，味苦、辛，具有活血调经、利尿消肿之功效。

可用于治疗血滞、经闭、痛经、经行不畅、产后恶露不尽、淤滞腹痛。

治痛经：益母草30克，香附9克。水煎，冲酒服。(《福建药物志》)

治产后淤血痛：益母草、泽兰各30克，红番苋120克，酒120毫升。水煎服。(《福建药物志》)

治小儿鼻疳痒：益母草根末0.3克，麝香3克，淀粉0.3克，密陀僧0.3克。上药都研令细，干贴鼻内立效。(《圣惠方》)

治耳聋：益母草一握（洗）。上研取汁，少灌耳中。(《圣济总录》)

【美食配料】

益母草30~60克，青皮鸡蛋1~2个。

【野菜美味】

将益母草清洗干净，并浸泡一刻钟，然后与鸡蛋一同放进瓦煲内；加入适量清水，煎煮20分钟，将鸡蛋捞起，放入清水中片刻，剥去蛋壳，再放入瓦煲内；加入适量红糖，煎煮片刻即成。

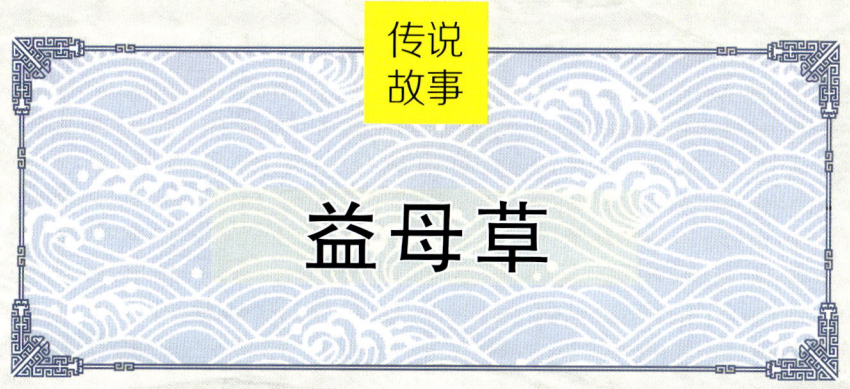

传说故事

益母草

相传在大固山脚下,住着一个叫秀娘的善良女子,秀娘婚后不久,便怀孕了。一天,她在家纺棉花,一只受伤的黄麂突然跑了过来,对着秀娘咯咯地叫,样子十分可怜。秀娘见不远处有一个猎人正朝这边追赶过来,便将这只黄麂藏在了自己的凳子底下,并用自己的衣裙遮盖。

不一会儿,猎人就追到了秀娘家门口,问道:"大嫂,你有没有看到一只受伤的黄麂朝这边跑过来?"秀娘不慌不忙地说:"看到了,黄麂朝东边跑去了,你赶紧去追吧。"待猎人走远后,秀娘对黄麂说:"你赶快朝西边逃跑吧。"黄麂屈膝下跪,眼含热泪地向秀娘道谢。

不久后,秀娘临盆,不幸难产,接生婆使尽浑身解数,都无法使秀娘顺利生产,秀娘的家人急地团团转。就在这时,门口传来咯咯的叫声,虚弱的秀娘睁眼一看,原来是自己搭救过的黄麂,黄麂嘴上叼着一只香草,慢慢地走到秀娘窗前,仰着头对秀娘不停地咯咯叫,十分着急样子。

秀娘明白了黄麂的心意,就叫丈夫从黄麂嘴里接过香草,家人用香草煎了汤药给秀娘服下。很快,疼痛缓解了,秀娘感觉浑身轻松,没过多久,婴儿平安降生,全家人都非常高兴。秀娘得知了香草的用途后,在自家的房前屋后种了很多香草,专门给生孩子的产妇服用,并起名"益母草"。

自古以来,益母草都被称之为"女性之友",就连武则天都对其十分钟爱,王焘在《外台秘要》中记载了武则天长期用过的一个外涂美容药方,其中主要药物就是益母草,称之为"近效武则天大圣皇后炼益母草留颜方",其功效特异。此药洗面,觉面皮滑润,颜色光泽。经月余生血色,红鲜光泽,异于寻常。如经年用之,朝暮不绝,年四五十岁妇人如少女。

此外,在《本草拾遗》中也有武则天炼益母草美容的记载:"唐天后炼益母草入面法:在农历五月五日采根苗,曝干勿着火,捣罗,以面水和成如鸡子大,再曝干。仍作一炉,四旁开窍,上下置火,安药中央。大火一炊久,即去大火,留小火养之,勿令火绝。经一伏时出之。瓷器中研制,三日收用,每十两加滑石一两,胭脂三钱。"

由此可见,益母草是名副其实的"女性之友""妇科圣药"。

榆 钱

【榆钱档案】

学名：*Ulmus pumila*
别名：榆实、榆子、榆仁
所属类别：榆科植物
分布区域：东北、华北、西北、华东等地区
采摘季节：春季
采食部位：果实

【食用方法】

榆钱主要有四种吃法：

1.生吃，将采摘下来的新鲜榆钱洗净后，根据个人喜欢，加入白糖或者盐等作料调味。

2.煮粥，将大米或小米煮粥，米将熟时放榆钱继续煮5分钟，加适量调料即成。

3.做馅，将榆钱洗净、切碎，加虾仁、肉或鸡蛋调匀后，包水饺、蒸包子、卷煎饼，味道十分鲜美。

4.蒸食，将榆钱拌玉米面或白面，做成窝头上笼蒸30分钟，或将洗净的榆钱裹上面粉，拌匀后，直接上笼蒸熟。

【食用功效】

榆钱性平，味甘，微辛，具有清心降火、止咳化痰、清热利水、健脾安神、杀虫消肿之功效。

治神经衰弱，失眠，心悸：榆钱12克，合欢皮9克，夜交藤15克，五味子4.5克。煎服。（《安徽中草药》）

治体虚白带：榆钱15~30克。水煎服。（《内蒙古中草药》）

【美食配料】

榆钱80克，黄瓜、西红柿、橘子瓣各100克，白糖40克。

【野菜美味】

将榆钱、黄瓜、西红柿、橘瓣洗净，沥水；西红柿、黄瓜斜刀切成薄片备用；橘瓣用小刀切开去籽备用；将西红柿片、黄瓜片、橘瓣片均匀摆在盘中，榆钱放在最中间，再均匀撒上白糖即可。

鱼腥草

【鱼腥草档案】

学名：*Houttuynia cordata*
别名：蕺儿根、狗耳菜、折耳根、臭菜等
所属类别：三白草科植物
分布区域：安徽、浙江、江苏、江西、四川、云南、贵州、广东、广西等
采摘季节：夏、秋季
采食部位：全株

【食用方法】

鱼腥草作为时蔬食用，有很多吃法，比如凉拌鱼腥草、鱼腥草蒸鸡（根部）、鱼腥草炒鸡蛋（嫩茎叶）、鱼腥草炒腊肉等。

鱼腥草可以取其汁液煮开，代茶饮用，具有清热解毒的功效。

鱼腥草也可以凉拌，鱼腥草择洗干净后，放在清水中浸泡4~5个小时，中间要换水2~3次，以去除鱼腥草浓重的鱼腥味，然后切成段，放入调料食用。

此外，鱼腥草也可以炒食，这是云南地区的一道美食，将鱼腥草与切成丝的青椒、红椒一起翻炒，加入盐、味精即可。

在一些地方的食俗中，产妇在月子里第一次吃鸡的时候，也会放些鱼腥草，可以预防产后风。

【食用功效】

鱼腥草，性微寒，味辛，具有清热解毒、消痈排脓、利尿通淋的作用，对多种微生物均有抑制作用，能提高机体免疫力。

治病毒性肺炎、支气管炎、感冒：鱼腥草、厚朴、连翘各9克，研末。桑枝30克，水煎，冲服药末。（《江西草药》）

治慢性鼻窦炎：鲜蕺菜捣烂，绞取自然汁，每日滴鼻数次。另用蕺菜七钱，水煎服。（《陕西草药》）

【美食配料】

鱼腥草150克，鲫鱼一条，猪骨100克，姜片适量。

【野菜美味】

先将猪骨用水焯一遍，捞起待用。锅中倒油，加热后放入姜片煎鱼，煎至两面金黄时，加入适量清水，加入猪骨、鱼腥草煮沸，然后用小火煲30分钟，直至汤显奶白色即可，放盐，即可食用。

传说故事

鱼腥草

相传宋朝熙宁6年的夏季发生了严重的洪灾,大雨连续下了数日,洪水冲出了河道,摧毁了房屋,淹没了农田,使得沿河两岸的侗民们流离失所,无家可归。好不容易洪水消退了,人们可以重建家园了,然而灾后的疫情又一次让侗民们遭受了沉重的打击。不知何故,侗民们患上了腹泻病,由于当时医疗条件较差,没有人知道这到底是一种什么病。

眼看着侗民们一个个病倒了,闹得人心惶惶。就在这时,白马滩侗寨(今芷江新店坪镇白马铺村)里的一个张姓后生手持一把鱼腥草,对寨子里的村民说:"这种草应该能够治疗腹泻,大家试一试吧。"

侗民们虽然对张后生的话半信半疑,但苦于没有别的办法,只能抱着试试看的想法,拖着病躯上山下地挖鱼腥草吃,数日后,侗民们的身体果然痊愈了,消息很快传遍了沅洲各寨,人们吃了鱼腥草后,身体都逐渐恢复了,村寨又恢复了往日的生机。

那么,张后生是怎么知道鱼腥草可以治疗这种传染病的呢?

原来,他家的房前屋后都种有鱼腥草,用来喂猪,他发现左邻右舍的猪都病了,唯独他家的猪没有生病,就觉得很奇怪,加上他略懂草药,故而判断有可能是吃了鱼腥草的缘故。于是,他就让全家人试吃鱼腥草来治疗腹泻病,三天后,全家人的病情大为好转,他就此判定鱼腥草可以治疗这种传染病,便告诉了村寨里的人。

从此以后,沅州侗民对鱼腥草特别珍爱,吃法也越来越讲究,将鱼腥草的地下茎洗净后切短,拌上烤香的辣椒粉、葱蒜、生姜、芫荽、味精、香料、食醋等食用。时至今日,侗民们还保留着这种传统吃法,吃出了一道药食同源的美味佳肴。

淫羊藿

【淫羊藿档案】

学名：*Epimedium sagittatum*

别名：三枝九叶草、乏力草、铁打杵、三叉骨、仙灵脾、九叶草、三角莲

所属类别：小檗科植物

分布区域：陕西、云南、贵州、四川等地

采摘季节：夏、秋季

采食部位：嫩叶

【食用方法】

淫羊藿主要有三种吃法：泡酒、煲汤、熬粥，最常用的吃法就是煲汤，与山药、羊肉、桂圆、牡蛎等食材搭配，都能煲出鲜美的味道。

【食用功效】

淫羊藿性温，味辛、甘，具有祛脂降压、壮阳壮腰、补肾虚、强筋壮骨之功效。

治阳痿：淫羊藿9克，土丁桂24克，鲜黄花远志30克，鲜金樱子60克。水煎服。（《福建药物志》）

治牙疼：淫羊藿，不拘多少。为粗末，煎汤漱牙齿。（《卫生家宝》）

治三焦咳嗽，腹满不饮食，气不顺：淫羊藿、覆盆子、五味子（炒）各30克。为末，炼蜜丸，梧桐子大。每姜茶下二十丸。（《圣济总录》）

【美食配料】

淫羊藿9克，牡蛎50克，太子参20克，大枣10个。

【野菜美味】

将淫羊藿、太子参、牡蛎肉、姜片、大枣洗净放入锅内，加清水适量，大火煮沸后，小火煮2小时，加盐调味即可。

紫花地丁

【紫花地丁档案】

学名：*Viola philippica*

别名：地丁、金剪刀、紫地丁、堇堇草、铧头草、箭头草、兔耳草、光瓣堇菜

所属类别：堇菜科植物

分布区域：主产于江苏、浙江等地

采摘季节：春、秋季采收

采食部位：幼嫩茎叶

【食用方法】

紫花地丁是夏季不可多得的一道美味佳肴，采集未开花的幼嫩茎叶，清洗干净，用沸水烫一下，再换清水漂洗，就可用来凉拌、炒食。

紫花地丁可以搭配肉类和蔬菜一起佐菜炒菜，还可以用来当做沙拉凉拌着吃，拌酱拌料味道都非常棒。紫花地丁能刺激味酸分泌，夏天凉拌此菜，有助于增加食欲。

【食用功效】

紫花地丁味苦、辛，性寒。具有清热、消肿、凉血、解毒的作用。可用于治疗黄胆、痢疾、乳腺炎、目赤肿痛，外敷可治跌打损伤、痈肿、毒蛇咬伤。

可治一切化脓性感染、淋巴结核。

1.紫花地丁、蒲公英、半边莲煎服，药渣外敷。

2.鲜紫花地丁、鲜野菊花各2两，捣汁分两次服，药渣外敷。（《中草药手册》）

【美食配料】

紫花地丁500克，面粉300克。

【野菜美味】

将紫花地丁摘好，洗净，沥干水分，将其放在大碗中，倒入食用油，搅拌均匀，再往盆中倒入面粉，与菜进行搅拌，使菜表面粘有一层薄薄面粉，放入锅中蒸10分钟，撒入盐，再蒸2分钟，出锅，加入自己喜欢的调料，即可食用。

百种野菜食用推介

传说故事

紫花地丁

　　从前有两个叫花子经常在一起沿村讨饭,日久天长,两个人的感情越来越好,便结拜为兄弟。哥俩白天出去讨饭,晚上都住在破败的古庙中。

　　一天,弟弟的手指突发疔疮,手指红肿发亮,疼痛难忍,哥哥心急如焚,担心不及时治疗,弟弟的手指会烂掉,于是就带着弟弟去寻医。哥哥听说距离不远的东阳镇,有一家名为"济生堂"药铺,这个药铺自制了一种专门治疗疔疮的外用药,效果非常好。

　　哥哥搀扶着弟弟好不容易来到了济生堂药铺,老板见是两个叫花子来买药,就提出先拿出八两银子才能给药的苛刻要求。哥俩无钱买药只能离开东阳镇,当他们走到一片山坡地时,弟弟因疼痛难忍,一屁股坐在了地上。

　　此时已是黄昏,太阳就要落山了,漫天霞光照在山坡上,山坡上长有一片紫草花,在阳光的照耀下发出柔和的光芒。哥哥顺手掐了几朵放在嘴巴里咀嚼,味道有些苦,便吐在了手心上。这时候弟弟因手指火烧火燎的疼痛发出痛苦地呻吟,哥哥便顺手将刚吐出来的花瓣涂抹在了弟弟的手指上。

　　过了一会儿,弟弟感到手指没那么疼了,舒服多了,又过了一个时辰,弟弟的手指竟然不痛了。于是,哥俩采了一些紫草花回到庙中,将其捣烂敷在了手指上,并用紫花草熬水喝下。第二天早晨,弟弟的手指肿痛感竟然奇迹般地消失了,又过了三天,弟弟的疔疮治好了。

　　后来,哥俩就根据紫草花的草花梗笔直,像一根铁钉,顶头开几朵紫花的特点,给它取名"紫花地丁"。

棕榈花

【棕榈花档案】

学名：*Trachycarpus fortunei*
别名：棕榈木子、棕笋、棕包
所属类别：棕榈科植物
分布区域：长江以南各地多有分布
采摘季节：4~5月开花时采集
采食部位：花朵

【食用方法】

棕榈花是一种很好的菜果，营养丰富，兼有清火、降血压的药用功效，生熟都可以吃，有的花果苦，有的花果甜，它的食用方法有很多，可凉拌，可炒食，可以烧汤，炖鸡。

棕榈花还可以与面粉、鸡蛋搭配，做棕榈花饼，将棕榈花舂碎，在舂碎的过程中加入鸡蛋、面粉，调成糊状，在煎锅中倒入少量食用油，煎熟即可食用。

【食用功效】

棕榈花性味苦涩，平，具有止血、止泻、活血、散结的功效。

治肠风下血：棕笋（即棕榈之花苞）煮熟切片，晒干为末，蜜汤或酒服一、二钱。（《濒湖集简方》）

【美食配料】

棕榈花（未开的花苞）400克，蒜瓣4个，葱花、红糖少许。

【野菜美味】

棕榈花去皮，掰成小朵，洗净控水；锅中放入水烧开，加入棕榈花，煮15分钟；棕榈花捞出，放入盘中，加入冷水浸泡，放入冰箱冷藏，浸泡两天；锅中倒入清水，烧开，加入棕榈花再煮15分钟，捞出过凉水控水；蒜瓣切碎放入碗中，加入盐、生抽、糖、醋、香油，拌匀，撒上葱花即可。

紫萁

【紫萁档案】

学名：*Osmunda japonica*

别名：紫萁贯众、高脚贯众、黑背龙、见血长、老虎台、老虎牙、水骨菜

所属类别：紫萁科植物

分布区域：甘肃、山东、江苏、安徽、浙江、江西、福建、河南、湖北、湖南、广东、广西、四川、贵州、云南等地

采摘季节：春、秋季

食用部位：嫩茎

【食用方法】

人们把紫萁植物刚出土不久的嫩茎称之为薇菜，薇菜焯水后可拌、炒、蒸、做汤、做馅。

薇菜和其他食材搭配做成的美食非常好吃，如烧三鲜薇菜、薇菜鸡丝、薇菜里脊片等。

目前市场上供应的薇菜多为加工后的薇菜干，薇菜干品宜用温水泡发，泡发后食用。

【食用功效】

紫萁性味苦，微寒，具有清热解毒、祛瘀止血的作用。

防治脑炎：紫萁根15～30克，板蓝根15克。水煎服。（《湖南药物志》）

麻疹、水痘出不透彻：贯众3克，赤勺6克，升麻3克，芦根9克，水煎服。（山东《中草药手册》）

治蛔虫攻心，吐如醋水，痛不能止：紫萁一两，鹤虱一两（纸上微炒），狼牙一两，麝香一钱（细研），芜荑仁一两，龙胆一两（去芦头）。上药捣细罗为散。每于食前以淡醋汤调下二钱。（《圣惠方》）

解诸热毒，或中食毒、酒毒、药毒等：紫萁、黄连、甘草各三钱，骆驼峰五钱。上为细末。每服三钱，冷水调下。（《普济方》贯众散）

治漆疮：治漆疮：贯众，治末以涂上，干以油和之。（《千金方》）

【美食配料】

薇菜（紫萁嫩茎）750克、五花肉100克、香菜15克。

【野菜美味】

将薇菜入开水中浸泡1～2小时，去掉苦味，再用清水漂洗，切成段；五花猪肉洗净，切成樱桃状，拌入酱渍；入味的五花肉入油锅中炸至金黄；加入清水，再将葱段、鲜姜、白糖、料酒、香菜和剩余酱油及薇菜加入锅中；微火炖约两小时即成。

紫苏

【紫苏档案】

学名：*Perilla frutescens*

别名：桂荏、白苏、白紫苏、青苏、桂荏、赤苏、红苏、黑苏、苏麻

所属类别：唇形科植物

分布区域：河北、河南、山东、山西、江苏、湖北、浙江、四川、广东、广西等地

采摘季节：9月上旬

采食部位：嫩茎叶

【食用方法】

紫苏有一种特殊的芳香气味，适合搭配一些肉类食用，比如与排骨、鸡肉、鸭肉搭配，使肉里散发出紫苏特有的味道，非常鲜美。

也可以取鲜嫩的紫苏茎叶，加入大蒜头，食盐捣烂，作为凉拌菜食用。具有行气健胃，帮助消化，发汗祛寒的作用。

秋天，可以做一款紫苏柠檬茶来暖胃，将洗干净的紫苏叶，慢火煮5分钟，放入冰糖，待冰糖融化后，放入柠檬汁，稍等片刻，即可关火。

【食用功效】

紫苏性味辛，性温，具有发表、散寒、理气、和营的作用，可以治疗感冒风寒、气喘、胸腹胀满、妊娠呕吐，还能解鱼蟹毒。紫苏叶具有提高记忆力的作用，并且还有良好的止痒和祛口臭的作用。

治伤风发热：苏叶、防风、川芎各一钱五分，陈皮一钱，甘草六分。加生姜二片煎服。（《不知医必要》）

治食蟹中毒：紫苏煮汁饮之。（《金匮要略》）

【美食配料】

排骨400克，紫苏叶200克。

【野菜美味】

紫苏叶洗净待用；将盐、胡椒粉、白糖、生抽、蚝油伴匀，调成酱汁；排骨洗净，剁成小块，沥干水分，炒锅中倒入食用油，油热后放姜片爆香，再倒入排骨大火翻炒一会儿，倒入料酒，继续翻炒，待排骨微微焦黄后，加入酱汁，炒一炒，再加水没过排骨，盖上盖，中小火炆排骨。20分钟后，放入紫苏叶，拌匀后把盖子盖上炆一炆，即可出锅食用。

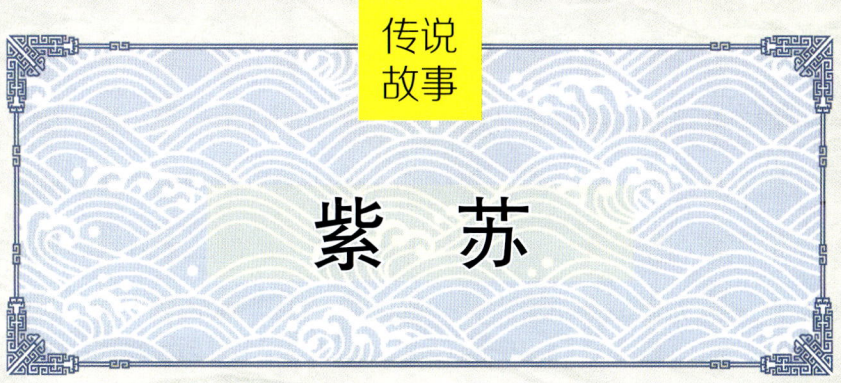

紫 苏

传说故事

　　传说，重阳节那天，华佗带着徒弟去镇上的一家酒馆喝酒，酒馆里有几个少年正在比赛吃螃蟹，蟹壳已经堆成一座"小山"。螃蟹性寒，华佗担心这些少年吃多了螃蟹会生病，便上前好言相劝。少年们吃得正起劲，哪里听得进去，还凶巴巴地说："你这老头儿，我们吃螃蟹碍你什么事，你少管闲事。"

　　华佗见劝不动这些少年，转身又对酒馆的老板说："不能再卖螃蟹给这些少年了，吃多了会出人命的。"酒馆老板正想从这些少年身上赚更多钱，却有人来搅局，十分生气地奉劝华佗只管喝自己的酒，不要节外生枝。

　　华佗叹了一口气，坐下来喝自己的酒，一个时辰过后，那伙少年突然大喊肚子疼，有的脸上滚满了汗珠，有的捧着肚子在地上打滚，有的已经疼得说不出话来。把酒馆老板吓坏了，赶紧命伙计找大夫过来看看。

　　这时华佗站了起来说："我就是大夫，我知道这些少年得的是什么病。"少年忙磕头求华佗为他们诊治，并为自己刚才的冒失行为道歉，酒馆老板也帮着这些少年向华佗求情。

　　华佗不紧不慢地说："我可以救你们，但是你们必须答应我一件事。"少年纷纷表示别说是一件就是一千件、一万件都行。华佗严肃地警告少年，以后一定要尊重老人，听从老人的劝告，少年们纷纷点头答应后，华佗便令徒弟去酒馆外的洼地去采些紫苏叶回来，然后让酒馆老板用紫苏叶熬了几碗汤，给少年们服下。半个时辰后，少年们的腹痛症状减轻了。

　　原来，华佗当时已经发现了苏叶具有益脾、宣肺、利气、化痰、止咳的作用。因为紫苏的颜色是紫色的，吃进肚子里很舒服，华佗便给它取名——紫舒，不知何故，传来传去就被人们叫成了紫苏。

紫藤花

【紫藤花档案】

学名：*Wisteria sinensis*
别名：朱藤、招藤、招豆藤、藤萝
所属类别：豆科植物
分布区域：河北以南黄河长江流域及陕西、河南、广西、贵州、云南
采摘季节：春季
采食部位：花朵

【食用方法】

紫藤花的食用方法有很多，将紫藤花焯水后，可以凉拌，也可以裹上面油炸，还可以作为添加剂，制作"紫萝饼""紫萝糕"等风味面食，还可以用来做粥。

在河南、河北、山东一带，人们常用紫藤花蒸食，清香味美。

【食用功效】

紫藤花性味甘、苦，温，具有解毒、止吐止泻、驱虫的作用。

治风温痹痛：紫藤跟与锦鸡儿根各15克，水煎服。

治筋骨疼痛：紫藤子50克炒熟，泡烧酒一斤。每次服25克，每日早、晚各一次。

治腹水肿胀：紫藤花适量，加水煎浓汁，去渣加糖熬成膏，每次一匙，开水冲服，一日两次。

【美食配料】

紫藤花300克，鸡蛋两个。

【野菜美味】

紫藤花清洗干净，放入沸水中焯一下，沥干水分，放入碗中；碗中打入鸡蛋，将鸡蛋打散放少许食盐和生抽调味；锅内放入油，烧热后倒入蛋液，煎炒至两面金黄后即可。

紫云英

【紫云英档案】

学名：*Astragalus sinicus*
别名：沙蒺藜、苕子菜、红花草、翘摇
所属类别：豆科植物
分布区域：长江流域各省区
采摘季节：春季
采食部位：嫩芽

【食用方法】

紫云英分为无毒与有毒两种，无毒的紫云英可清炒，也可以做汤。

清炒是最为常见的吃法，将新鲜采摘的紫云英清洗干净，锅中倒油，放入紫云英爆炒，加盐，炒匀，均可出锅。

【食用功效】

紫云英味甘、辛，性平。具有祛风明目、健脾益气、解毒止痛之功效，均可食用，尤其适合肝火旺盛的人食用。

治咽喉肿痛，肺热咳嗽：紫云英50克，蕺菜30克。加水煎汤服。

治牙龈出血：紫云英60克，切细，捣烂，绞取汁液。一日分3~5次，凉开水送服。

【美食配料】

紫云英300克，香干4块，红萝卜1个。

【野菜美味】

将紫云英洗好，备用；水烧开后，放入紫云英过水，将过完水的紫云英放冷水里浸泡一下，沥干水，切丁；香干、红萝卜切丁备用；炒锅加热，放油，油热后倒入香干，红萝卜丁一起煸炒，放入适量盐；放入紫云英丁和味精煸炒，即可。

栀子花

【栀子花档案】

学名：*Gardenia jasminoides*
别名：黄栀子、山栀子、大红栀、越桃
所属类别：茜草科植物
分布区域：中南、西南及江苏、安徽、浙江、江西、福建、台湾等地
采摘季节：春夏花开时
采食部位：花朵

【食用方法】

栀子花不仅可以凉拌、煮汤，清炒，还可以泡水喝，做法很多。

凉拌栀子花时，将新鲜的栀子花用清水洗净，用沸水焯一下，准备适量的葱丝和姜丝，与栀子花放在一起，加入香油、醋和食用盐及味精等调味料，调匀，即可食用。

炒清栀子花也是常见吃法，搭配新鲜的小竹笋和腊肉，将腊肉、竹笋切片，锅中放油加热后，将腊肉倒入锅中，炒至透明，放入竹笋，再加入调料，最后放入栀子花炒匀，即可。

栀子花泡水喝就比较简单了，采摘栀子花花苞或初开的花朵，去掉花萼、花梗，用烤箱烘干，烘干后的栀子花就可以直接冲泡饮用了。

【食用功效】

栀子花性寒，味苦，具有清热利尿、凉血解毒、泻火除烦、消肿止痛的功效。

治口疮、咽喉中塞痛、食不得：大青四两，山栀子、黄檗各一两，白蜜半斤。上切，以水三升，煎取一升，去滓，下蜜更煎一两沸，含之。（《普济方》）

治目赤：取山栀七枚，钻透，入糖灰火煨熟，以水一升半，煎至八合，去滓，入大黄末三钱匕，搅匀，食后旋旋温服。（《圣济总录》）

【美食配料】

栀子花6朵，鸡蛋1个。

【野菜美味】

将鸡蛋打入碗中，搅拌均匀；栀子花用淡盐水浸泡20分钟，漂净；锅中放适量清水，放姜片，煮开，倒入蛋液煮开，放下栀子花煮开，放入盐、葱花、麻油即可。